大众凉拌菜

罗 岚 编著

團结出版社

图书在版编目（CIP）数据

大众凉拌菜 / 罗岚编著 . -- 北京 : 团结出版社，
2014.10（2021.1 重印）
ISBN 978-7-5126-2296-8

Ⅰ . ①大… Ⅱ . ①罗… Ⅲ . ①凉菜－菜谱 Ⅳ .
① TS972.121

中国版本图书馆 CIP 数据核字 (2013) 第 302580 号

出　　版：团结出版社
（北京市东城区东皇城根南街 84 号　邮编：100006）
电　　话：（010）65228880　65244790（出版社）
（010）65238766　85113874　65133603（发行部）
（010）65133603（邮购）
网　　址：http://www.tjpress.com
E-mail：65244790@163.com（出版社）
fx65133603@163.com（发行部邮购）
经　　销：全国新华书店
排　　版：腾飞文化
图片提供：邴吉和　黄　勇
印　　刷：三河市天润建兴印务有限公司

开　　本：700 × 1000 毫米　1/16
印　　张：11
印　　数：5000
字　　数：90 千字
版　　次：2014 年 10 月第 1 版
印　　次：2021 年 1 月第 4 次印刷

书　　号：978-7-5126-2296-8
定　　价：45.00 元

前言

饮食应该是生活中的情趣、平淡中的温馨。合理饮食使幼儿正常成长，青少年发育良好，正常人保持健康，老年人益寿延年，患者早日康复。

如何能为家人准备出美味加营养的三餐，吃出健康，吃出美丽？低油少盐、清凉爽口的凉拌菜，绝对是消暑、开胃的最佳选择，但如何用最短的时间、最快的方式拌出一道道美味佳肴？本书将教你快速成为厨房巧娘！

本书汇集了南北方以及各种风味的菜系，详细讲解了拌制凉菜的基础知识，简单好学易做，是符合大众口味的家居生活常备书籍。全书收录了200多道清爽怡人的凉拌菜，按食材分为爽口时蔬、浓香禽肉、鲜香水产等，各式家常美味层出不穷，配料、做法面面俱到，家常的食材，百变的做法，酸、辣、甜、脆别具一格的好滋味，让家人越吃越爱。

书中的每道菜都标明制作材料、制作时间，严把成本关，帮你全面省钱、省时间。另外，根据不同人群对膳食的不同需求，以直观的形式告诉你每道凉拌菜的营养功效与适合人群，指导你为家人健康配膳，让你和家人吃得更合理、更健康。

本书菜品图片清晰，诱人食欲，既有实用性，又有收藏性。分步解说，直观形象，能告诉读者调制凉拌菜时最关键的操作要点，即使是新手，只要翻开本书，也能做出一桌让全家人胃口大开的美味菜肴。

爽口时蔬

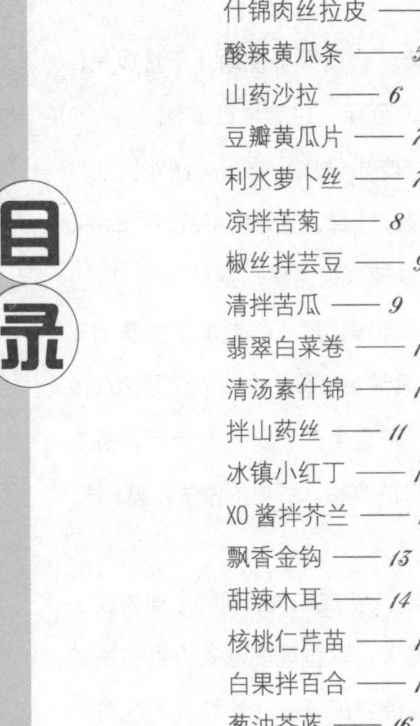

目录

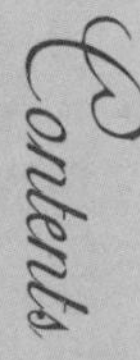

Contents

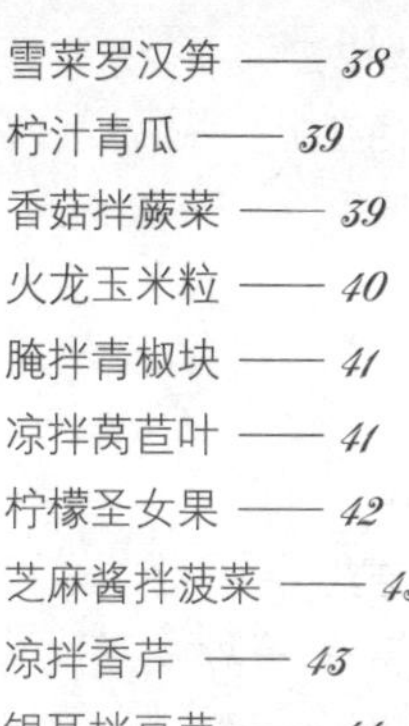

美味豆、粉制品

目录

Contents

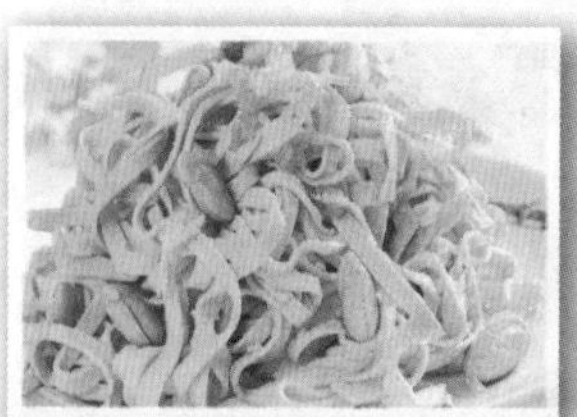

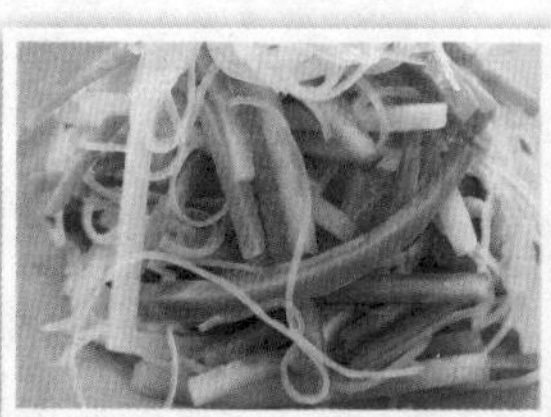

可口禽蛋

目录

浓香禽肉

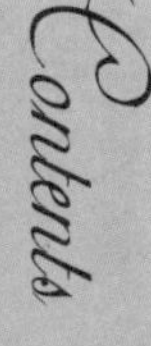

Contents

目录

Contents

鲜 美畜肉

鲜 香水产

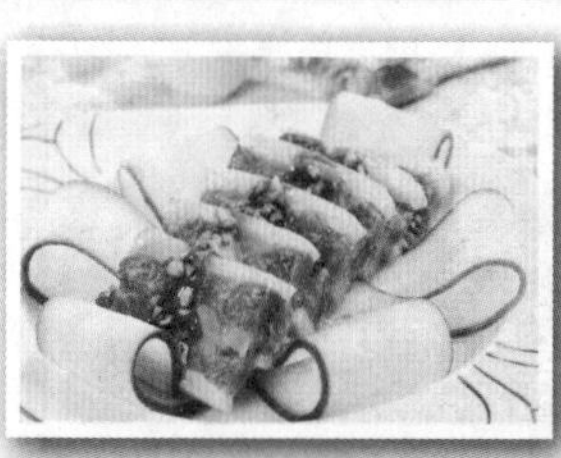

爽口酱、泡菜

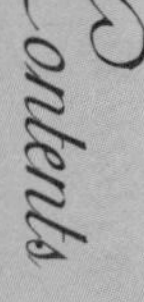

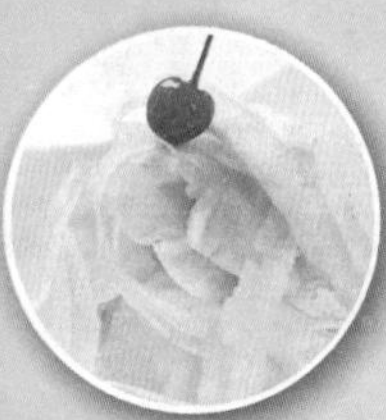

爽口时蔬

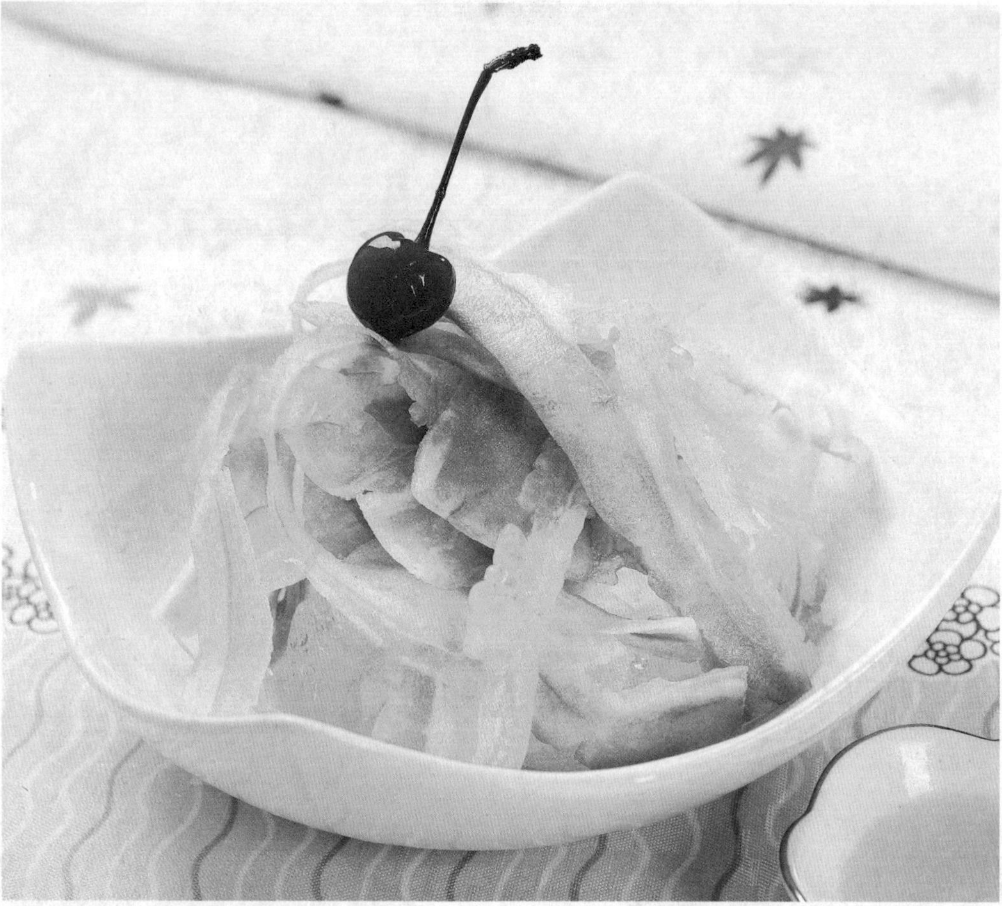

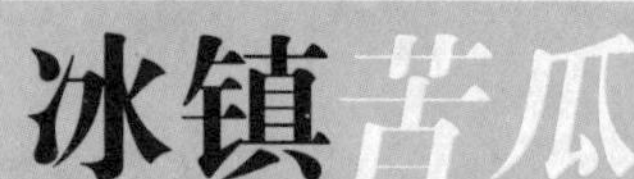

冰镇苦瓜

TIME 15分钟

菜品特点：冰脆可口 苦中带甜

视觉享受：★★★
味觉享受：★★★
操作难度：★

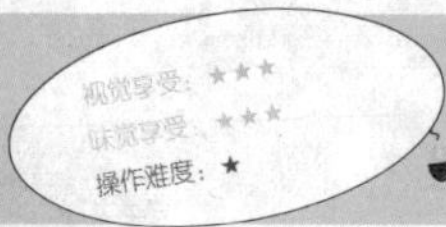

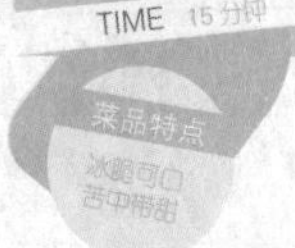

主料： 苦瓜300克

配料： 白醋30克，蜂蜜25克，食盐、冰块各适量，樱桃罐头少许

操作步骤

①苦瓜洗净，对半剖开，挖去瓤、籽，切长薄片。

②苦瓜片浸泡在冰水里或凉开水加冰块，放入冰箱，浸泡2小时。

③取出苦瓜片倒掉冰水，另取一盘以冰块垫底，放入苦瓜摆盘，点缀樱桃。

④取一小蝶，放入蜂蜜、白醋、食盐调匀，食用时当佐料即可。

操作要领

将苦瓜放在水中浸泡可去除一部分苦味，而且吃起来更爽脆。

营养贴士

苦瓜具有清热解毒的功效。

视觉享受：★★★ 味觉享受：★★★ 操作难度：★★

风味白萝卜皮

TIME 15分钟

菜品特点

主料： 白萝卜1个

配料： 红彩椒30克，食盐5克，美极鲜味汁10克，白醋25克，白糖15克，香油、蒜末、葱花各适量

操作步骤

①白萝卜洗净，将萝卜皮连肉稍切厚点，切成正方形的片；红彩椒洗净切粒。

②取一个小碗，加入红彩椒粒、蒜末、葱花、白醋、白糖、食盐、美极鲜味汁、香油调匀。

③白萝卜皮放入碗中，倒入多一半的酱汁腌渍1小时左右，食用时再倒入剩余酱汁拌匀即可。

操作要领

腌渍1小时是为了让萝卜更爽脆，更入味，但如果时间紧，也可选择不腌渍。

营养贴士

萝卜皮富含萝卜硫素，可增强人体免疫能力，诱发肝脏解毒酵素的活性，保护皮肤免受紫外线伤害。

主料： 长茄子300克

配料： 青椒、红椒、香菜各30克，白醋15克，白糖10克，食盐5克，鸡精3克，蒜末适量

操作步骤

①茄子洗净，顺着茄子划成条，保持尾部相连。

②蒸锅烧开水，放入茄子蒸15分钟，取出晾凉，控干水分。

③香菜去叶留梗，青、红椒洗净，全部切成粒，放入小碗中，加入食盐、鸡精、白糖、白醋、蒜末拌匀。

④茄子放入碗中，淋入调好的汁拌匀，腌渍1小时后即可食用。

操作要领

茄子的蒂最好不要去除，这样营养更加全面。

营养贴士

茄子皮富含多种维生素，能够保护血管，常食茄子，可使血液中的胆固醇含量不致增高。

视觉享受：★★★ 味觉享受：★★★ 操作难度：★★

腌茄子

TIME 20分钟

菜品特点

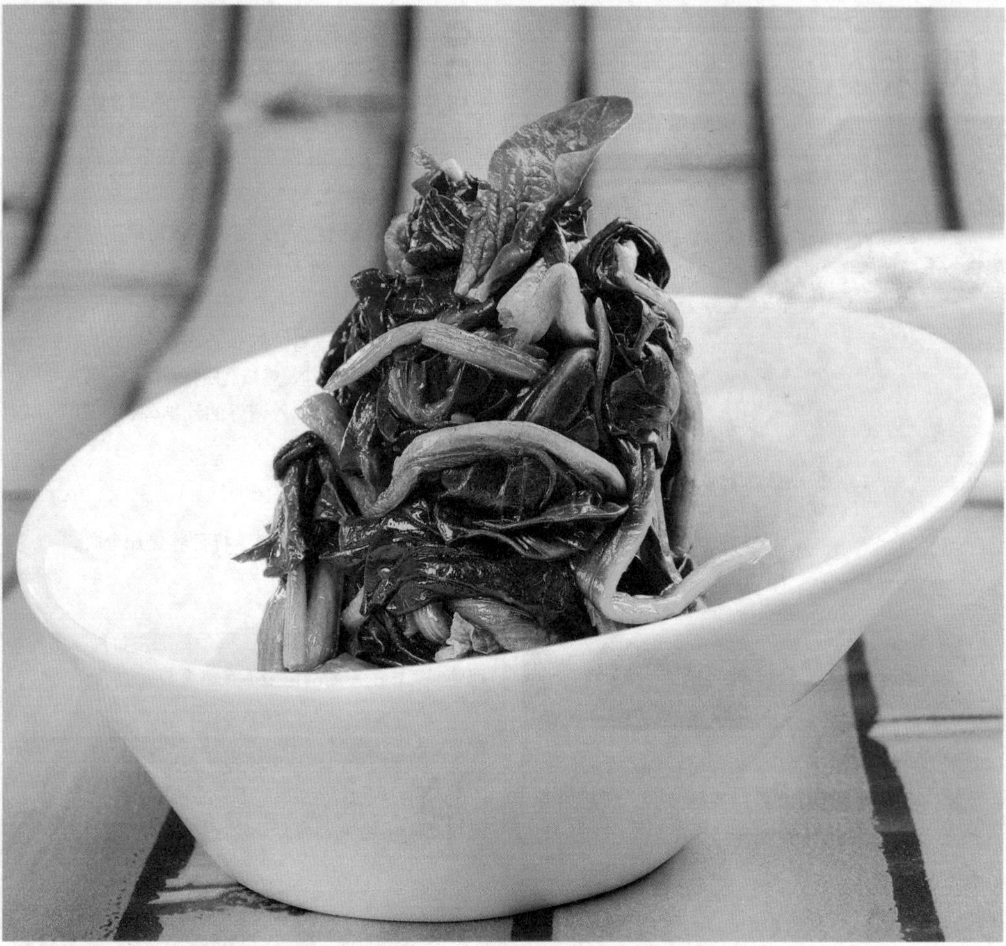

芥末拌菠菜

视觉享受：★★★★
味觉享受：★★★★
操作难度：★★

TIME 10分钟

菜品特点 清爽可口

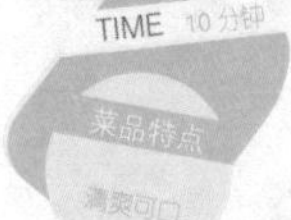

主料： 菠菜250克

配料： 食盐5克，白醋、香油、芥末油各适量

操作步骤

①菠菜择好洗净，放入提前准备好的沸水锅中焯水，捞出后用凉水冲凉，控去多余的水分。

②将处理好的菠菜放到碗中，加入食盐、白醋、芥末油和香油，拌匀后即可食用。

操作要领

菠菜中草酸含量较高，最好放在开水中煮3分钟。

营养贴士

菠菜中所含的胡萝卜素，在人体内会转变成维生素A，能维护正常视力和上皮细胞的健康。

视觉享受：★★★ 味觉享受：★★★★ 操作难度：★★★

什锦肉丝拉皮

TIME 15分钟

菜品特点 酸辣鲜香

主料： 拉皮150克，胡萝卜、黄瓜、白萝卜、香椿、香菜、瘦猪肉各50克，海米30克，干木耳10克，鸡蛋1个

配料： 植物油、蒜、醋各适量，芝麻酱5克，辣椒油、酱油各少许，白糖3克，食盐3克，鸡精3克

操作步骤

①木耳用温水泡发，海米用开水涨发待用；鸡蛋打散，放入不粘锅中摊成薄薄的蛋饼。

②瘦猪肉、蛋饼、黄瓜、胡萝卜、白萝卜、木耳分别切成细丝；香菜、香椿切成段；拉皮切成宽条；蒜切成末。

③木耳、香椿分别放入沸水锅中焯水；锅烧热倒植物油，放猪肉丝炒一下，出香味后加入酱油、鸡精、少许食盐翻炒出锅。

④各类蔬菜和蛋饼丝、海米整齐地码入盘中，拉皮放在中间，炒好的肉丝放在拉皮上。

⑤以蒜末、白糖、辣椒油、醋、适量食盐调成酱汁，淋在拉皮上即可。

操作要领

最后淋入的酱汁可根据口味自行添减。

营养贴士

此菜具有滋阴、清肺、健脾、通气、开胃、解腻的功效。

主料： 黄瓜300克

配料： 小米椒30克，食盐4克，白糖5克，白醋、红油各适量

操作步骤

①黄瓜去皮，洗净后切成约5厘米的长条，倒入容器中加食盐拌匀，腌15分钟；小米椒洗净，切斜圈。

②黄瓜、小米椒圈放入碗中，加入白醋、白糖、红油，搅拌均匀即可。

操作要领

黄瓜提前用盐腌一下，能够使黄瓜更加爽脆，提升口感。

营养贴士

黄瓜中98%为水分，且含有一定量的维生素C、胡萝卜素、磷、铁等人体必需的营养素。

视觉享受：★★★ 味觉享受：★★★★ 操作难度：★★

酸辣黄瓜条

TIME 20分钟

菜品特点 酸爽可口

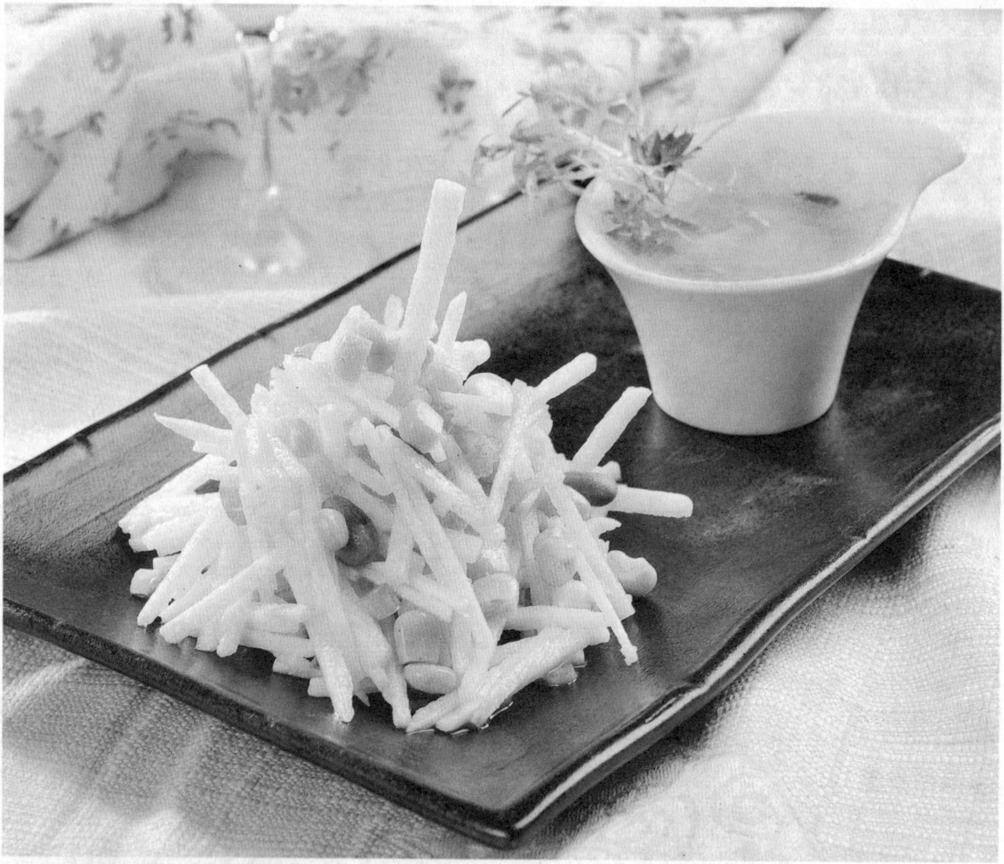

山药沙拉

TIME 10分钟

视觉享受：★★★
味觉享受：★★★
操作难度：★★

菜品特点
酸甜爽口
解腻开胃

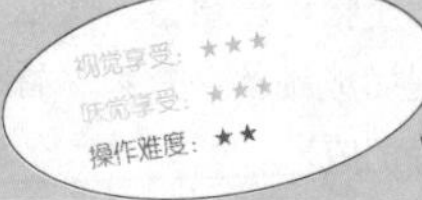

主料： 山药150克，玉米粒、青豆、苦瓜各50克
配料： 食盐适量，橄榄油少许，枫糖10克，柠檬汁25克

操作步骤

①山药去皮洗净，切丝，浸泡在水中；苦瓜洗净，对半剖开，去除瓤、籽，切丁。

②锅中烧开水，加适量食盐，放入山药丝、苦瓜、玉米粒、青豆分别焯水至断生，捞出后过凉水，沥干水分。

③将所有主料放入盘中，加少许橄榄油拌匀，另取一小碗，加枫糖、柠檬汁、少量清水调匀，食用时放在一旁当佐料即可。

操作要领

给山药去皮时，可带一次性手套，以防止皮肤因接触黏液而变痒。

营养贴士

此菜中含有大量的水分和维生素，能补充人体必需的营养物质。

主料： 黄瓜400克

配料： 豆瓣酱30克，干辣椒段适量，食盐5克，鸡精3克，白糖3克，大蒜4瓣，植物油少许

操作步骤

①黄瓜清洗干净，去两端，切成薄片，放入碗中，加食盐拌匀，腌渍10分钟；大蒜切成薄片。

②锅中放少许植物油烧热，先后加入干辣椒段、豆瓣酱爆香，盛出晾凉。

③控干腌渍后的黄瓜水分，放入蒜片、鸡精、白糖、炒制后的豆瓣酱料，调拌均匀，装盘即成。

操作要领

黄瓜可以切薄一点，以利于后期入味。

营养贴士

黄瓜富含丙醇二酸、葫芦素及柔软的细纤维等成分，是美容养颜的首选。

主料： 红心萝卜300克

配料： 白糖15克，白醋适量，鸡精、食盐、白芝麻各少许

操作步骤

①红心萝卜去皮，洗净后切成细丝。

②将切好的萝卜丝放在大碗中，加入白糖、白醋、鸡精、食盐腌15分钟，食用时撒上白芝麻拌匀装盘即可。

操作要领

切丝时，粗细可根据自己的喜好选择，粗一点的萝卜条也很有风味。另外，稍微加点食盐是为了能够提取萝卜的鲜味。

营养贴士

红心萝卜具有极高的营养价值和药用价值，能清除体内毒素和多余的水分，促进血液和水分的新陈代谢。

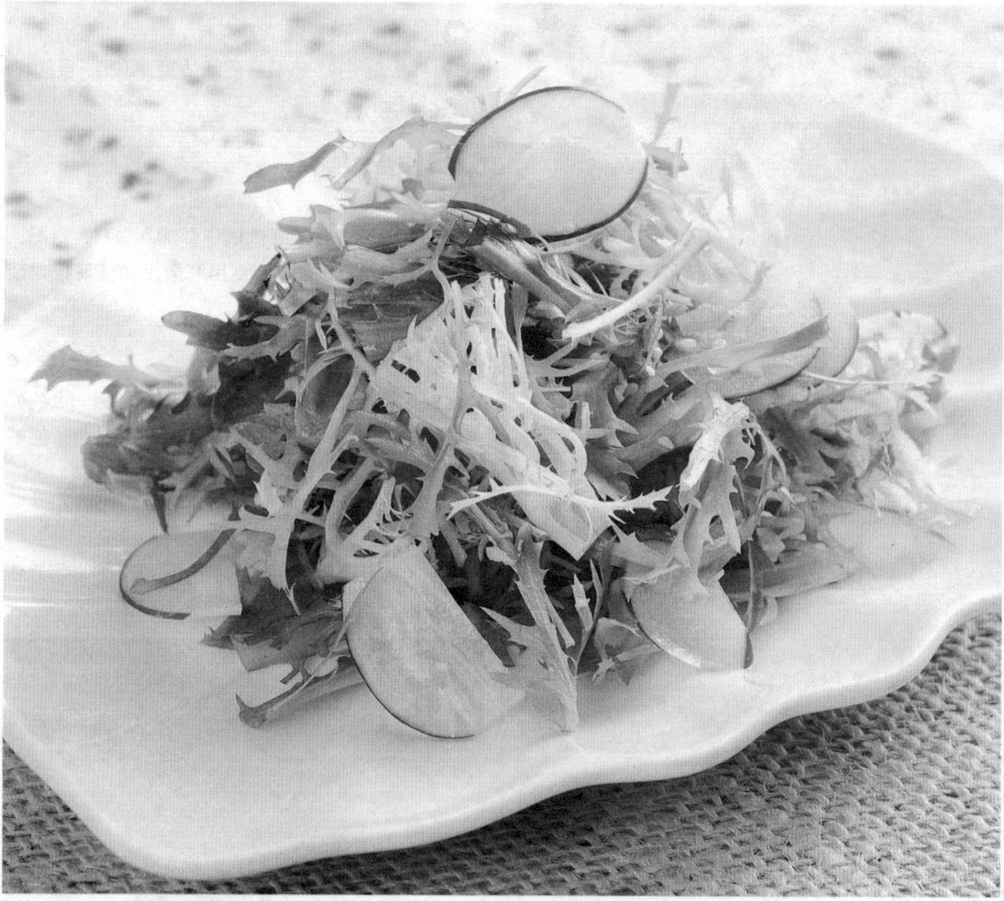

凉拌苦菊

主料： 苦菊 250 克，樱桃萝卜 50 克

配料： 白醋 20 克，白糖 15 克，食盐 5 克，鸡精 5 克，蒜末、橄榄油各适量，白芝麻少许

操作步骤

①苦菊洗净，沥干水分，切成段，放在容器中；樱桃萝卜洗净，切薄片，放入容器中。

②取小碗，加入食盐、鸡精、白醋、白糖、蒜末、橄榄油搅拌均匀，倒入苦菊中拌匀，食用时撒些白芝麻即可。

操作要领

蔬菜用撕的能更好地保持其本身的味道和营养。

营养贴士

苦菊中含蛋白质、膳食纤维较高，钙、磷、锌、铜、铁、锰等微量元素较全，维生素 B_1、维生素 B_2、维生素 C、胡萝卜素、烟酸等含量也较高。

视觉享受：★★★ 味觉享受：★★★ 操作难度：★★

椒丝拌芸豆

主料： 芸豆250克，红椒80克

配料： 花椒油15克，白醋15克，食盐5克，鸡精3克

操作步骤

①芸豆择去两头，洗净切丝；红椒洗净，切丝。

②锅内烧开水，将芸豆放入汆烫至熟，捞出过凉水，沥干水分。

③芸豆、红椒丝放入碗中，加入食盐、鸡精、花椒油、白醋拌匀即可。

操作要领

芸豆必须煮熟煮透，这样才能有效去除不利因子，趋利避害，更好地发挥其营养价值。

营养贴士

食用芸豆对皮肤、头发大有好处，可以促进肌肤的新陈代谢，促使机体排毒，令肌肤常葆青春。

主料： 苦瓜300克

配料： 干辣椒段15克，香醋15克，白糖10克，鸡精3克，植物油、食盐各适量，香油少许

操作步骤

①苦瓜洗净，对半剖开，去除瓤、籽，切成长条，放入加有少许食盐的清水中浸泡片刻。

②苦瓜放入沸水中焯水至断生，捞出过凉水，沥干水分，放入碗中，加入白糖、鸡精、食盐。

③锅中放入植物油，改中小火烧热，放入干辣椒段爆出香味，浇到苦瓜上，再调入香醋、香油拌匀即可。

操作要领

苦瓜放在盐水中浸泡一会儿能够减少苦涩口感，提升脆感。

营养贴士

苦瓜是一种药食两用的食疗佳品，尤其对糖尿病的治疗效果不错，所以苦瓜也有“植物胰岛素”的美誉。

视觉享受：★★★ 味觉享受：★★★ 操作难度：★★

清拌苦瓜

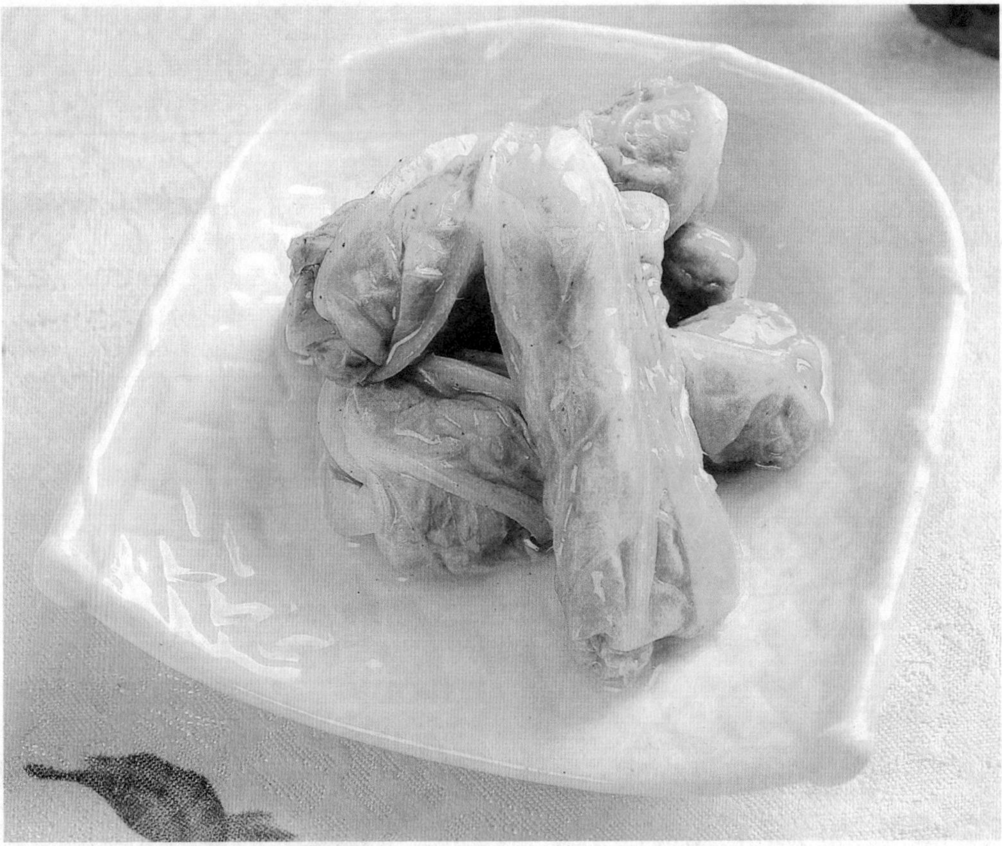

翡翠白菜卷

TIME 30分钟

视觉享受：★★★
味觉享受：★★★
操作难度：★★★

菜品特点
清爽可口
鲜香美味

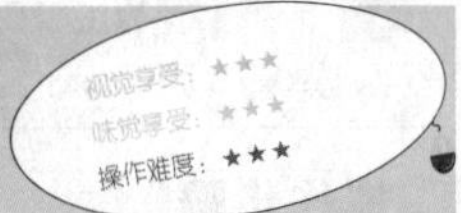

主料：白菜200克，肉馅100克，干香菇、胡萝卜各50克

配料：食盐5克，鸡精3克，料酒10克，姜末、葱末各20克，香油、植物油各适量

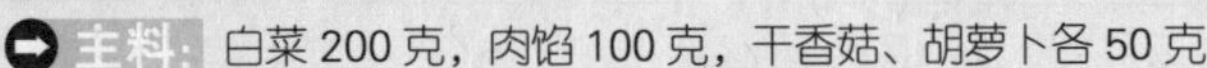

操作步骤

①白菜洗净，只取嫩叶部分，放入沸水锅中略焯一下，捞出过凉水，沥干水分；干香菇提前泡发，洗净，切成粒；胡萝卜洗净，切成粒。

②锅中放少许植物油，油热下入肉馅翻炒片刻，变色后加入香菇、胡萝卜、食盐、鸡精、料酒、姜末、葱末、香油，翻炒均匀即可盛出，当作馅料。

③菜叶平铺在菜板上，放入适量馅料，卷成卷。

④将白菜卷摆放在盘内，蒸锅中水沸后，放入锅中大火蒸3分钟，小火蒸2分钟出锅，晾凉即可。

操作要领

如果时间紧，馅料也可选择不炒制。

营养贴士

白菜中含有大量胡萝卜素以及丰富的维生素C。

视觉享受：★★★★ 味觉享受：★★★ 操作难度：★

清汤素什锦

TIME 10分钟

主料： 鲜香菇、西红柿、绿色圣女果、西兰花、玉米笋、平菇、竹笋、年糕、黄瓜、胡萝卜各适量

配料： 清汤300克，食盐5克，鸡精3克，胡椒粉少许

操作步骤

①将除绿色圣女果外的主料洗净，切好，过沸水焯熟，捞出过凉水，沥干水分，盛入碗中。

②锅中加入清汤烧开，加入食盐、鸡精、胡椒粉调匀，淋入主料碗中。

③主料浸泡在清汤中，自然晾凉至入味，即可食用。

操作要领

因为量少，蔬菜焯水时，为节省时间可将烹饪时间差不多的蔬菜一起下锅。

营养贴士

此菜富含多种营养，维生素含量丰富，并具有清热解毒、健脾开胃的功效。

主料： 山药200克

配料： 胡萝卜、青椒各50克，鲜香菇1朵，食盐5克，鸡精3克，白醋15克，白糖20克，橄榄油15克

操作步骤

①山药去皮，洗净切成丝；胡萝卜、青椒、鲜香菇洗净，切成丝。

②将山药、胡萝卜、青椒、鲜香菇分别放入沸水锅中焯一下，过凉水，沥干水分。

③将所有食材放入碗中，加入食盐、鸡精、白醋、白糖、橄榄油拌匀，即可食用。

操作要领

制作凉菜时，食材焯过水后，最好过一遍凉水，这样吃起来更清脆、清爽。

营养贴士

山药中含有黏液蛋白，具有降低血糖的作用，非常适合糖尿病人食用。

视觉享受：★★★★ 味觉享受：★★★ 操作难度：★

拌山药丝

TIME 10分钟

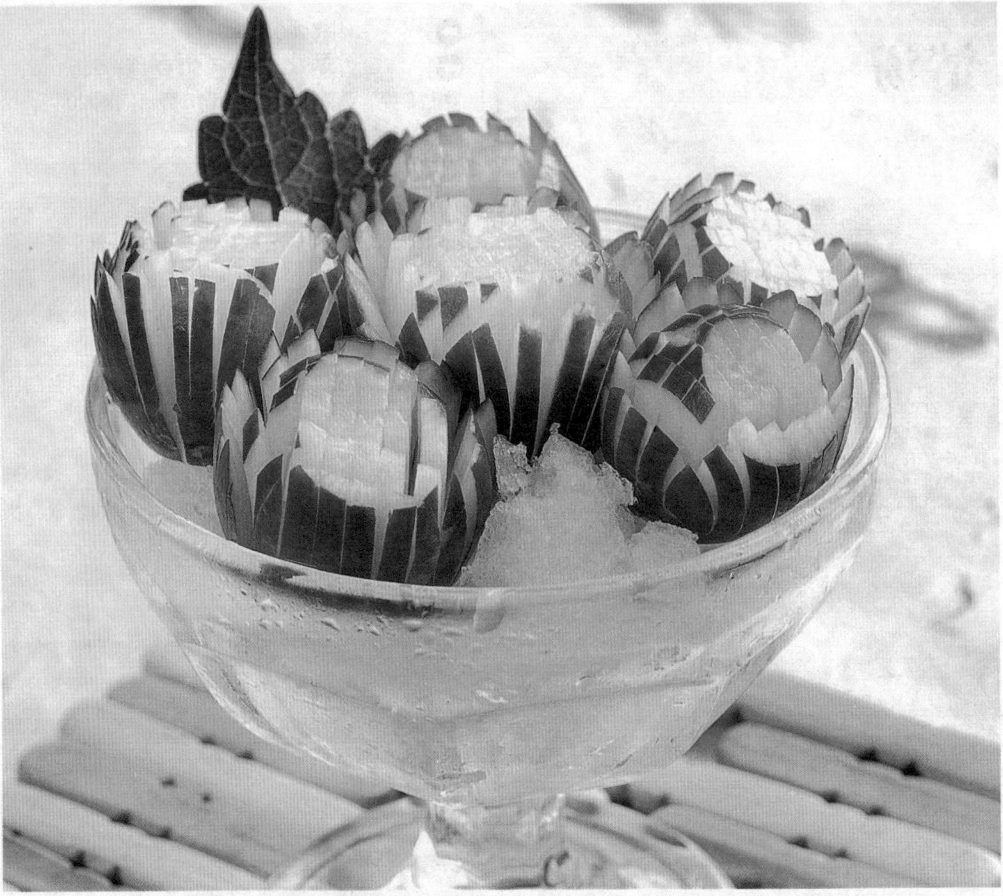

冰镇小红丁

TIME 40分钟

视觉享受：★★★★
味觉享受：★★★★
操作难度：★★

菜品特点
清淡可口
颜色鲜亮

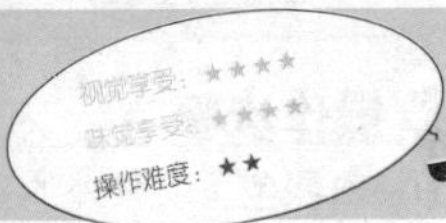

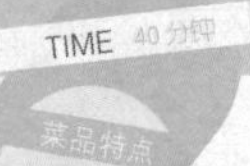

主料： 樱桃萝卜300克
配料： 白醋25克，白糖30克，冰块适量

操作步骤

①樱桃萝卜去除叶子，洗净后切去头尾，以头朝下，先横向切成片，注意不要切断，再纵向切使其切断部位成丝，底部相连。

②将切好的萝卜放入一个大碗中，加入白糖、白醋调味，放进冰箱冷藏30分钟。

③取出樱桃萝卜，放入以冰块垫底的碗中，摆盘即可。

操作要领

在制作时也可选择用果醋腌制，味道更加酸甜可口。

营养贴士

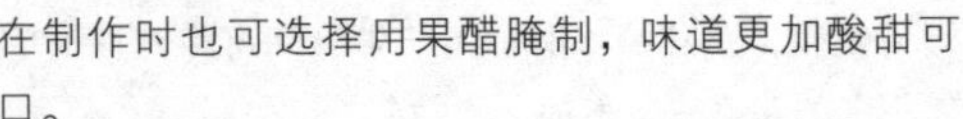

萝卜中含有木质素、胆碱等成分，生吃具有一定的防癌作用。

XO酱拌芥兰

主料： 芥兰300克，XO酱15克

配料： 红椒、腊肉各50克，食盐5克，鸡精3克，蒜末、葱丝、生抽、白醋、植物油各适量

操作步骤

①芥蓝去叶、老根，洗净切条，焯熟，过凉水，沥干水分；红椒洗净，切条；腊肉切片。

②锅中置油烧热，下蒜末、葱丝炒出香味，下腊肉炒熟，盛出。

③芥兰、腊肉、红椒放入碗中，加入XO酱、生抽、白醋、鸡精、食盐，拌匀即可。

操作要领

芥兰焯水后，立即放入凉水中，这样颜色才翠绿。

营养贴士

此菜有消积、杀虫、镇咳、消炎和防治妇科肿瘤的功效。

主料： 黄豆芽250克，香芹50克

配料： 葱白段50克，小洋葱1个，姜1片，蒜1瓣，食盐5克，蒸鱼豉油5克，鸡精3克，植物油适量

操作步骤

①黄豆芽去尾，洗净；香芹去叶，洗净，切成段；小洋葱对半切开；姜片、蒜用刀背略拍破。

②黄豆芽、香芹分别入沸水锅中焯水至断生，捞出后沥干水分，盛入容器中，加入蒸鱼豉油、鸡精、食盐。

③锅烧热，改小火，放适量植物油，油热后下入葱白段、洋葱、姜、蒜慢慢熬出香味，捞出料渣，取适量葱油浇到黄豆芽与香芹上，拌匀即可。

操作要领

黄豆芽没有生味儿就可以捞出，不能煮得太熟，否则口感不佳。

营养贴士

黄豆芽所含的热量很低，有美容排毒、消脂通便、抗氧化的功效。

飘香金钩

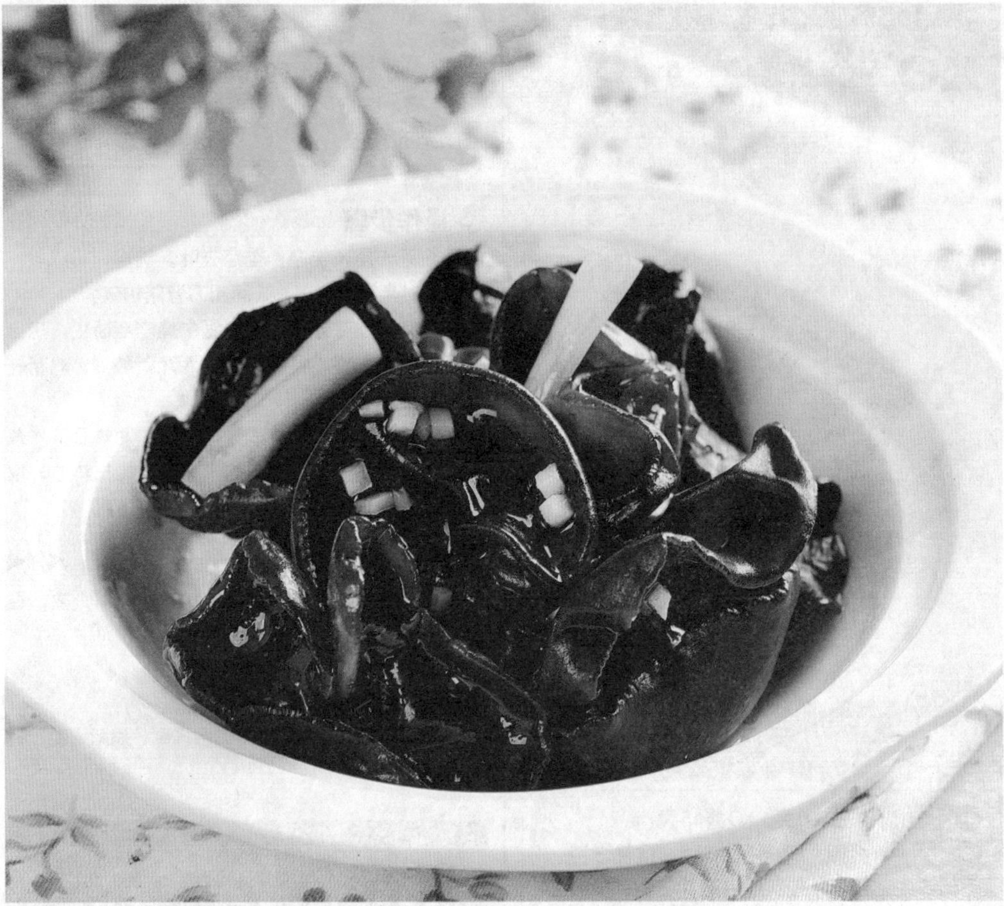

甜辣木耳

TIME 15分钟

视觉享受：★★★
味觉享受：★★★
操作难度：★★

菜品特点
清爽适口
营养丰富

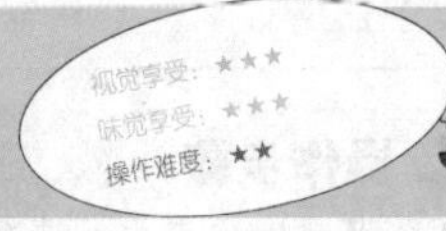

主料： 干黑木耳 15 克

配料： 葱白 15 克，白糖 5 克，鸡精 5 克，食盐 5 克，生抽、辣椒油各少许，陈醋、蒜、姜各适量

操作步骤

①干黑木耳用清水加少许食盐浸泡至涨发，剪去根部冲洗干净，入沸水焯烫 30 秒捞出，用凉水冲凉沥干；葱白切成长段；蒜、姜切粒。

②黑木耳放入碗中，加入陈醋、生抽、白糖、鸡精、食盐、葱白段、姜粒、蒜粒，淋上辣椒油调匀即可。

操作要领

浸泡黑木耳时加一点食盐或淀粉，能有效去除木耳表面的附着物；调料中有醋，泡久了木耳会变软，即拌即食可保持口感的爽脆。

营养贴士

木耳中铁的含量极为丰富，故常吃木耳能养血驻颜。

视觉享受：★★ 味觉享受：★★★ 操作难度：★★

核桃仁芹苗

TIME 15分钟

菜品特点：营养丰富 清淡可口

主料： 芹苗200克，生核桃仁100克

配料： 红杭椒1个，食盐5克，白糖5克，白醋、生抽、花椒油、姜末、蒜末各适量，香油少许

操作步骤

①芹苗去除根部，择洗干净，沥干水分；生核桃仁放入沸水中焯2分钟，捞出过凉水，沥干水分；红杭椒洗净，切圈。

②碗中放入芹苗、核桃仁，加入红杭椒圈、姜末、蒜末、食盐、白糖、白醋、生抽、花椒油、香油拌匀即可。

操作要领

芹苗无须焯水，这样吃起来口感更鲜嫩，而且营养更加丰富。

营养贴士

芹菜中胡萝卜素和维生素含量丰富，而且芹菜的叶茎别具芳香，能增强食欲。

视觉享受：★★★ 味觉享受：★★★ 操作难度：★

白果拌百合

TIME 10分钟

菜品特点：清淡爽口

主料： 鲜白果仁、鲜百合各100克，西芹150克

配料： 红椒粒30克，白糖、白醋各15克，食盐5克，鸡精3克，花椒油少许

操作步骤

①百合洗净；西芹洗净，切斜段。

②锅中烧开水，分别放入主料焯熟，捞出过凉水，沥干水分。

③主料放入碗中，加入红椒粒、白糖、白醋、食盐、鸡精、花椒油，拌匀即可。

操作要领

各主料焯熟后，一定要过凉水，否则将失去爽脆口感。

营养贴士

百合中含有一些特殊的营养成分，如秋水仙碱等多种生物碱，这些成分综合作用于人体，不仅具有良好的营养滋补的功效，而且还对秋季气候干燥引起的多种季节性疾病有一定的防治作用。

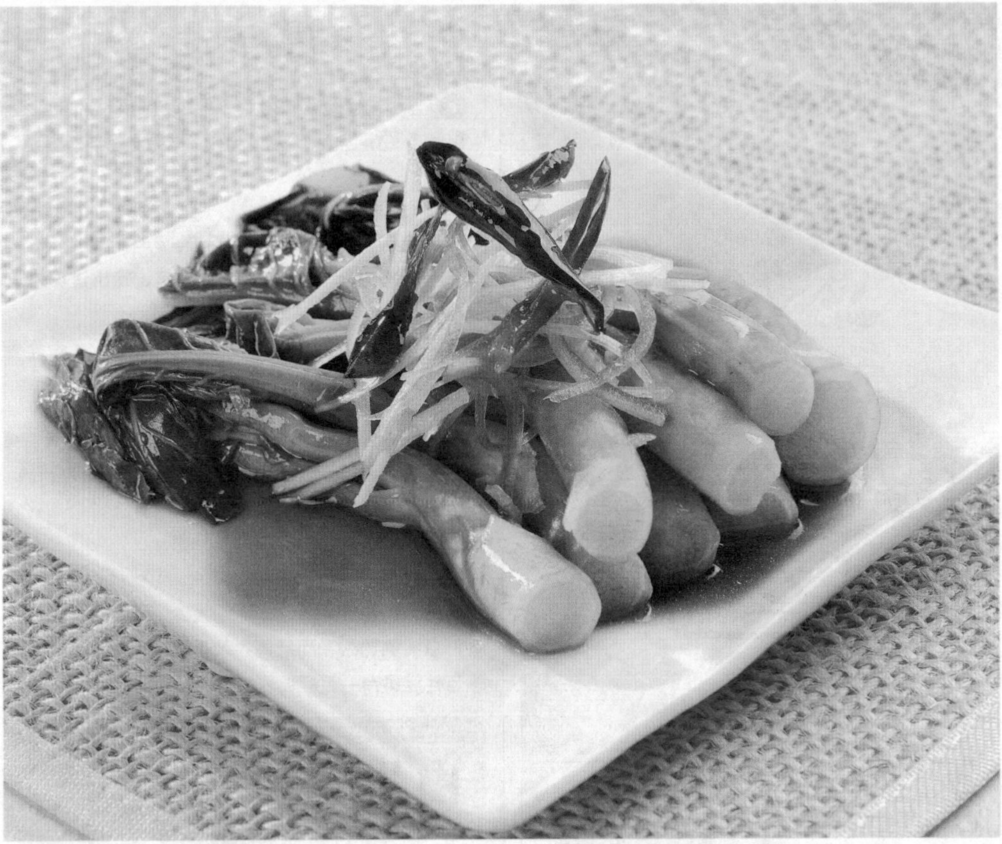

葱油芥蓝

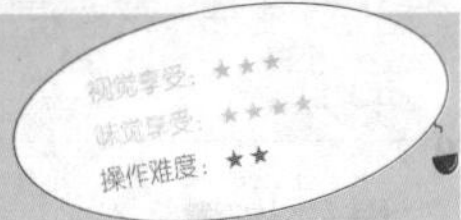

TIME 10分钟

菜品特点

视觉享受：★★★
味觉享受：★★★★
操作难度：★★

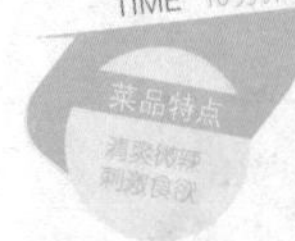

主料： 芥蓝 200 克

配料： 葱白、姜各 10 克，青椒、红椒各 15 克，植物油、干辣椒、生抽、食盐、蒜各适量

操作步骤

①芥蓝去除老茎，洗净；葱白、姜切丝；青椒、红椒切丝；干辣椒切斜段；蒜切末。

②锅中置水，烧开后放入食盐、芥蓝，焯水至断生，过凉水后沥干水分，整齐地码入盘中，上面摆好青椒丝、红椒丝、葱丝、姜丝。

③锅烧热放入植物油，加入干辣椒段、蒜末，出香味后趁热浇至芥蓝上，调入生抽，食用时拌匀即可。

操作要领

在焯水时，水中一定要放食盐，这也是本菜入味的关键。

营养贴士

芥蓝含丰富的维生素 A、维生素 C、钙、蛋白质、脂肪和植物糖类。

豉香土豆

主料： 土豆250克

配料： 豆豉酱20克，姜汁、葱花各15克，植物油、干辣椒段各适量，白醋、生抽各15克，食盐5克，鸡精3克

操作步骤

①土豆去皮，切滚刀块，浸泡在清水中。

②锅中烧开水，下入土豆焯水至熟，捞出过凉水，沥干水分，放入碗中。

③另取锅加少许植物油，油热后加入豆豉酱、干辣椒段、食盐、鸡精、生抽，炒出香味后关火，倒入小土豆中，调入姜汁、葱花、白醋，拌匀即可。

操作要领

土豆最好切得块小一点，否则不容易焯熟。

营养贴士

土豆所含的蛋白质和维生素C，均为苹果的10倍，B族维生素、铁和磷含量也比苹果高得多。

主料： 豆干150克，胡萝卜80克，莴笋80克，红椒50克

配料： 食盐、白糖各5克，白醋、生抽、鸡精、香油各适量

操作步骤

①豆干切成细丝；胡萝卜、莴笋、红椒洗净，切成细丝。

②将切好的豆干、胡萝卜、莴笋分别焯水，沥干水分装入盘中。

③加入红椒丝，放食盐、白糖、白醋、生抽、鸡精、香油搅拌均匀即可。

操作要领 

莴笋在焯水过程中要注意火候，不可时间太长，否则就失去了脆的口感。

营养贴士

莴笋可以提高人体血糖代谢功能，防治贫血，还有增进食欲、刺激消化液分泌、促进胃肠蠕动等功效。

莴笋三丝

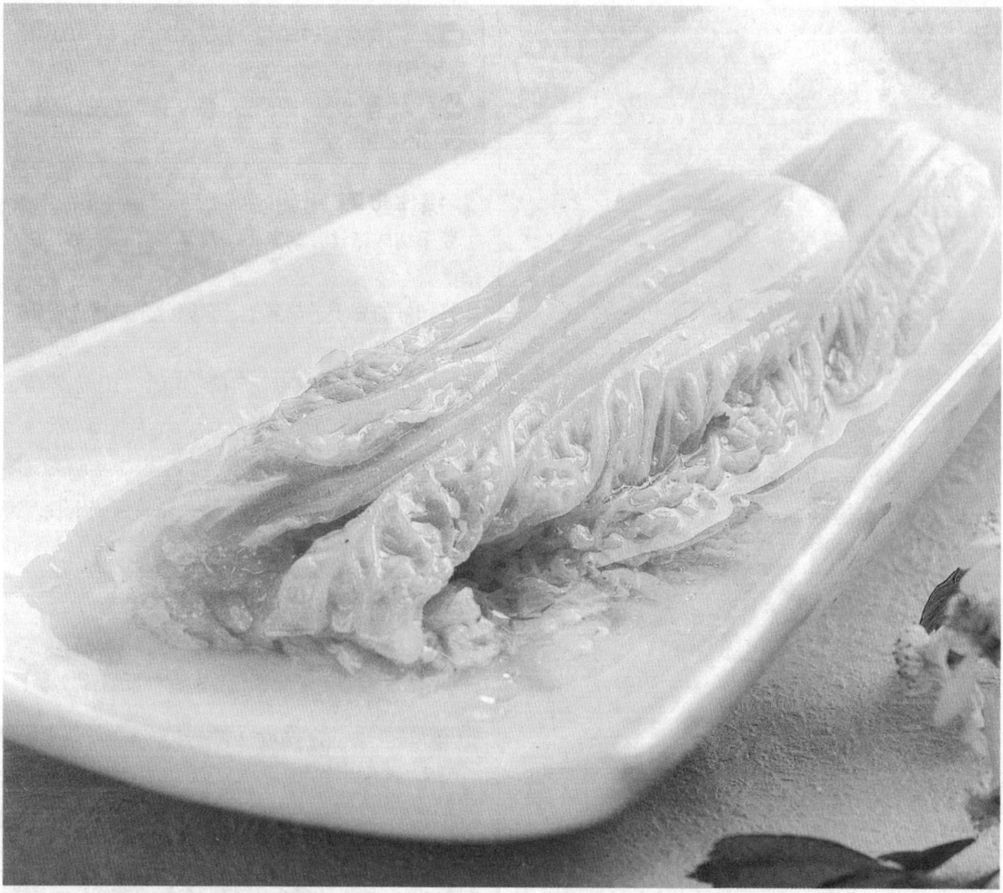

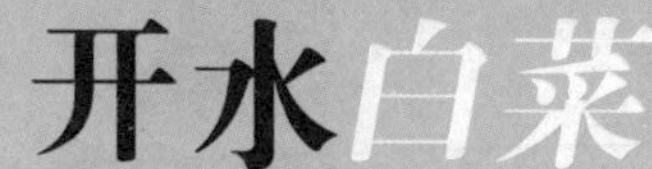

开水白菜

TIME 15分钟

菜品特点

清爽鲜美

视觉享受：★★★

味觉享受：★★★

操作难度：★★★

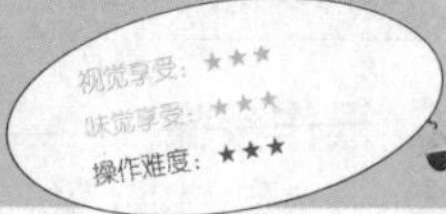

主料： 白菜心300克

配料： 清汤500克，食盐5克，绍酒、胡椒粉、鸡精各适量，香油少许

操作步骤

①白菜心逐一掰开，洗净，放入沸水锅中氽烫至断生，整齐地码放在汤盆中。

②另起锅注入清汤，加入绍酒、食盐、胡椒粉、鸡精调味。

③清汤烧开后浇入白菜心中，自然晾凉至入味，食用时盛入盘中，调入香油即可。

操作要领

此菜的重点在于汤的清亮而鲜香，如果是自己熬制，可用老母鸡1只，排骨、棒骨各适量，加葱、姜、绍酒、食盐等，加水煮制。

营养贴士

此菜中含有丰富的维生素C。

视觉享受：★★★★ 味觉享受：★★★ 操作难度：★

剁椒香芋

TIME 10分钟

主料： 香芋200克，剁椒50克

配料： 白醋15克，生抽10克，食盐5克，鸡精3克，蒜末、辣椒油、葱花各适量

操作步骤

①香芋去皮洗净，切成薄厚一致的薄片；剁椒剁细。

②蒸锅烧开水，放入香芋大火蒸10分钟，取出晾凉，盛入碗中。

③取一个小碗，加入剁椒、鸡精、生抽、白醋、蒜末、辣椒油、食盐拌匀，铺在香芋片上腌渍片刻，食用时撒些葱花即可。

操作要领

为防止芋头汁接触皮肤引起过敏反应，最好戴上一次性手套。

营养贴士

香芋的营养价值很高，淀粉含量达70%，既可当粮食，又可当蔬菜，是老幼皆宜的滋补品。

主料： 油麦菜200克

配料： 食盐3克，芝麻酱10克，鸡精2克，香油少许

操作步骤

①油麦菜洗净切段，放入沸水锅内焯至断生捞出，过凉水，控干水分。

②油麦菜整齐地摆放于盘内，芝麻酱慢慢加清水调稀，加入食盐、鸡精、香油调成味汁，淋在油麦菜上即成。

操作要领

此菜中重点在于麻酱的香味，在调麻酱时要注意把握水与酱的比例，不要太稀。

营养贴士

油麦菜含有大量维生素A、维生素B_1、维生素B_2和大量钙、铁、蛋白质等营养成分。

视觉享受：★★★ 味觉享受：★★★★ 操作难度：★★

麻酱拌凤尾

TIME 10分钟

姜汁豇豆

TIME 15分钟

视觉享受：★★★
味觉享受：★★★
操作难度：★★

主料： 青豇豆300克

配料： 食盐、鸡精、姜、醋、生抽各适量，香油少许

操作步骤

①豇豆洗净切段，冷水下锅煮熟，沥干水分后加食盐、鸡精腌渍片刻。

②姜切成碎末，加入少量饮用水，制成姜汁。

③向姜汁内加入香油、生抽、醋、香油，浇在豇豆上拌匀即可。

操作要领

豇豆焯水时，用食盐调好味，姜汁浓稠的话可加点饮用水。

营养贴士

豇豆含有易于消化吸收的优质蛋白质，适量的碳水化合物及多种维生素、微量元素等，可补充机体的营养素，治疗消化不良。

视觉享受：★★★★　味觉享受：★★★　操作难度：★

脆炸椿头

主料： 香椿200克，面粉50克，鸡蛋1个

配料： 植物油适量，食盐5克，鸡精3克

操作步骤

①香椿洗净，择成小段，控干水分。

②碗内放入面粉、食盐、鸡精，打入鸡蛋，搅拌成面糊，香椿放入面糊中挂糊。

③锅中放植物油，油温五成热时放入挂好糊的香椿，炸到香椿呈金黄色捞出，晾凉装盘即可。

操作要领

香椿一定要选择嫩芽，否则会影响口感。

营养贴士

香椿富含维生素B、维生素C、维生素E和钾、钙、镁元素及磷、铁等矿物质。

主料： 土豆400克

配料： 菠菜、黄豆芽各100克，植物油、白醋各适量，白糖5克，鸡精3克，食盐、蒜末各少许，花椒粒若干

操作步骤

①土豆去皮洗净，切丝，过凉水投净淀粉，控去水分；菠菜去根及老叶，洗净切段；黄豆芽洗净。

②锅中烧开水，加入食盐，分别将土豆丝、菠菜、黄豆芽焯水至断生，过凉水后沥干水分，盛入盘中，加入鸡精、白醋、白糖、蒜末。

③另起一锅放植物油，烧热后加花椒炸出香味，趁热浇到土豆丝上，拌匀即可食用。

操作要领

土豆丝焯水的时间不要太长，否则土豆丝变软会影响口感。

营养贴士

土豆中含有大量碳水化合物，同时含有蛋白质、矿物质（磷、钙等）、维生素等。

视觉享受：★★★　味觉享受：★★★★　操作难度：★

凉拌土豆丝

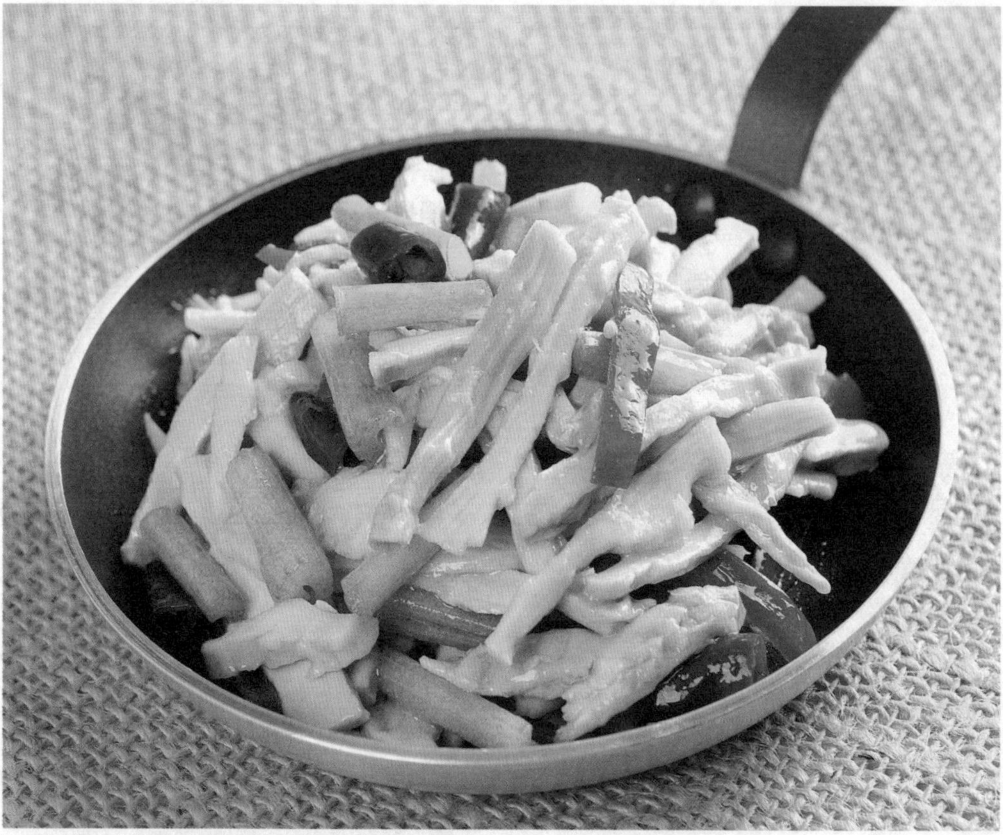

香拌嫩笋

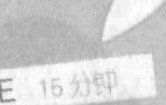

TIME 15分钟

视觉享受：★★★★
味觉享受：★★★
操作难度：★

菜品特点
香味浓厚
脆而爽口

主料： 鲜竹笋300克，香芹50克

配料： 红椒30克，香葱1棵，白醋15克，白糖10克，食盐5克，鸡精、香油各3克，植物油、干辣椒段各适量

操作步骤

①竹笋剥除硬壳，洗净，切条；香芹、香葱洗净，切段；红椒洗净，切长条。

②锅中烧开水，分别放入笋条、香芹汆煮至断生，捞出迅速过凉，控干水分。

③竹笋、香芹、红椒、葱段放入碗中，加入食盐、白糖、白醋、鸡精、香油，倒入用植物油、干辣椒段炸制的辣椒油，拌匀即可。

操作要领

炸制辣椒油要用中小火，否则很容易煳。

营养贴士

竹笋含有一种白色的含氮物质，构成了竹笋独有的清香，具有开胃、促进消化、增强食欲的作用。

海米拌菜花

主料： 菜花 300 克

配料： 海米 30 克，生抽、白醋各 15 克，食盐 5 克，鸡精 3 克，植物油、姜片、蒜末各适量，料酒少许

操作步骤

①菜花择成小朵，洗净，控干水分；海米提前用清水加料酒泡发，控干水分。

②锅中放水烧开，下菜花焯熟，捞出过凉水，沥干水分，放入盘内，加入白醋、生抽、食盐、鸡精。

③锅中放植物油，烧热后小火煸香海米，再爆香蒜末、姜片，连油浇到菜花上，拌匀即可。

操作要领

制作时要用生抽，而且不能加多，此菜的颜色不能深，否则影响菜品美观。

营养贴士

菜花的维生素 C 含量极高，有利于人的生长发育，更重要的是能提高人体免疫功能。

主料： 莲藕 300 克

配料： 青椒、红椒各 50 克，食盐 5 克，白糖 10 克，白醋 15 克

操作步骤

①莲藕去掉外皮洗净，切成薄片；青、红椒洗净，切丝。

②锅中烧开水，加适量食盐，放入藕片焯水至断生，捞出过凉水，沥干水分。

③藕片与青、红椒丝放入碗中，加白醋、白糖拌匀即可。

操作要领

莲藕焯水时，不要使用铁锅，否则可能会导致莲藕发黑，可选用铝合金制品。

营养贴士

莲藕熟食具有补心益肾的作用，同时还能够补五脏之虚，强壮筋骨，滋阴养血。

双椒拌嫩藕

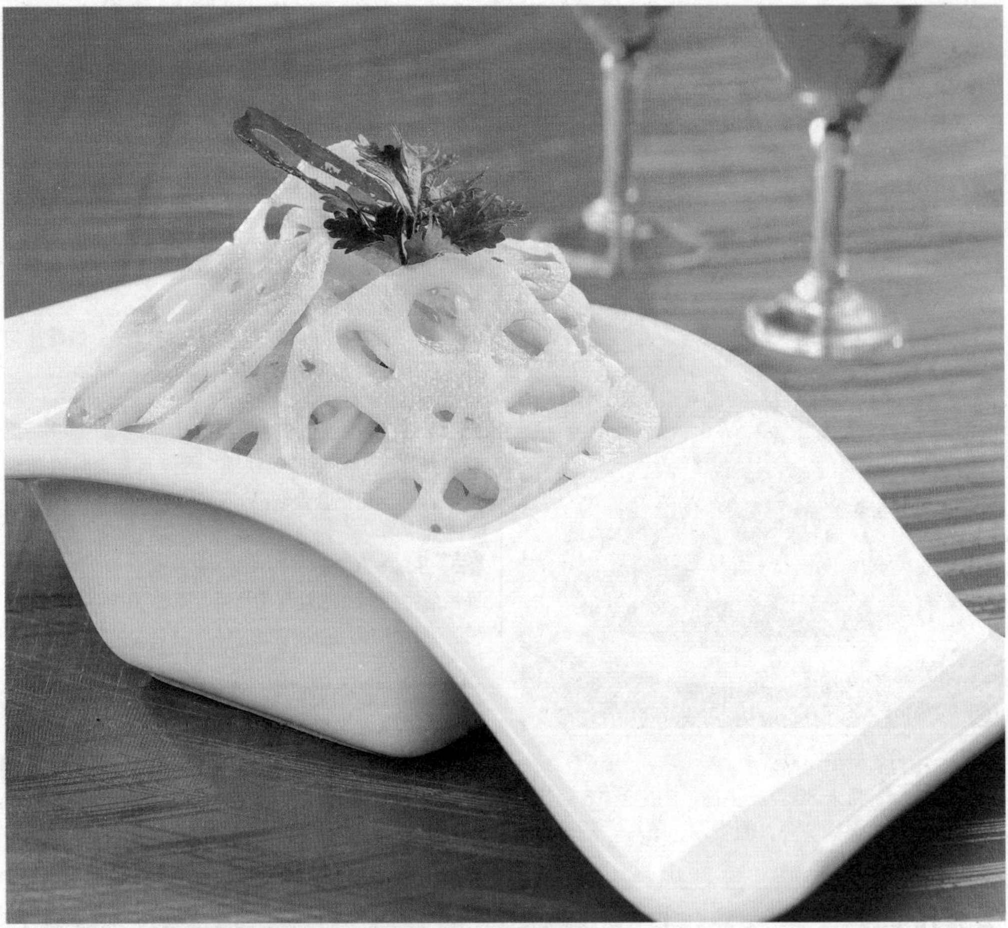

辣油藕片

视觉享受：★★★
味觉享受：★★★
操作难度：★★★

TIME 15分钟

菜品特点
酸辣可口
清凉解暑

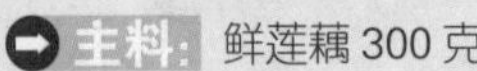

主料： 鲜莲藕300克

配料： 食盐5克，鸡精3克，白糖、白醋、辣椒油各适量，香菜叶少许

操作步骤

①莲藕去皮洗净，切成薄片。

②锅中烧开水，加入食盐，放入藕片焯水至断生，盛出过凉水，沥干水分。

③将藕片放入一个大碗中，加入食盐、鸡精、白糖、白醋、辣椒油、香菜叶拌匀，食用时摆好盘即可。

操作要领

藕片切得薄一点更容易入味。

营养贴士

藕富含大量淀粉、蛋白质、维生素及各种矿物质，其肉质肥嫩，口感脆甜，男女老幼都非常适合食用。

视觉享受：★★★★　味觉享受：★★★　操作难度：★

红油拌冬笋

TIME 10分钟

菜品特点：营养丰富　鲜美可口

主料： 冬笋300克

配料： 猪肉50克，食盐5克，鸡精3克，姜末、蒜末、辣椒油、植物油各适量，香油少许

操作步骤

①冬笋洗净，改刀切条，放入沸水中焯烫一下，捞出过凉水，沥干水分；猪肉洗净，切粒。

②锅中放入少许植物油，加入猪肉粒、少许食盐、鸡精、姜末，炒熟后盛出。

③冬笋条、猪肉粒放入碗中，加入辣椒油、食盐、香油、蒜末调味，拌匀即可。

操作要领

如果没有辣椒油，也可用干辣椒、花椒自己炸制。

营养贴士

竹笋具有低糖、低脂的特点，富含植物纤维，可降低体内多余脂肪。

主料： 豌豆苗250克，牛筋面150克，鸡蛋1个

配料： 食盐5克，白糖5克，醋15克，辣椒油15克，植物油、蒜末各适量

操作步骤

①豌豆苗洗净，焯水，过凉，沥水，放食盐腌10分钟；鸡蛋打散。

②不粘锅放火上，小火加少许植物油，倒入鸡蛋，慢慢转动锅体让鸡蛋液变薄，待蛋液凝固即可取出，晾凉后切成细丝。

③豌豆苗、鸡蛋丝、牛筋面放入一个大碗中，加入蒜末、白糖、醋、辣椒油、食盐，拌匀即可。

操作要领

为了保持豌豆苗的清脆，同时不至于流失营养成分，焯水时间应当短一些。

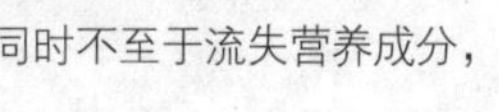

营养贴士

豌豆苗所含营养丰富，有多种人体必需的氨基酸。

视觉享受：★★★　味觉享受：★★★　操作难度：★★

凉拌豌豆苗

TIME 15分钟

菜品特点：香醇清爽

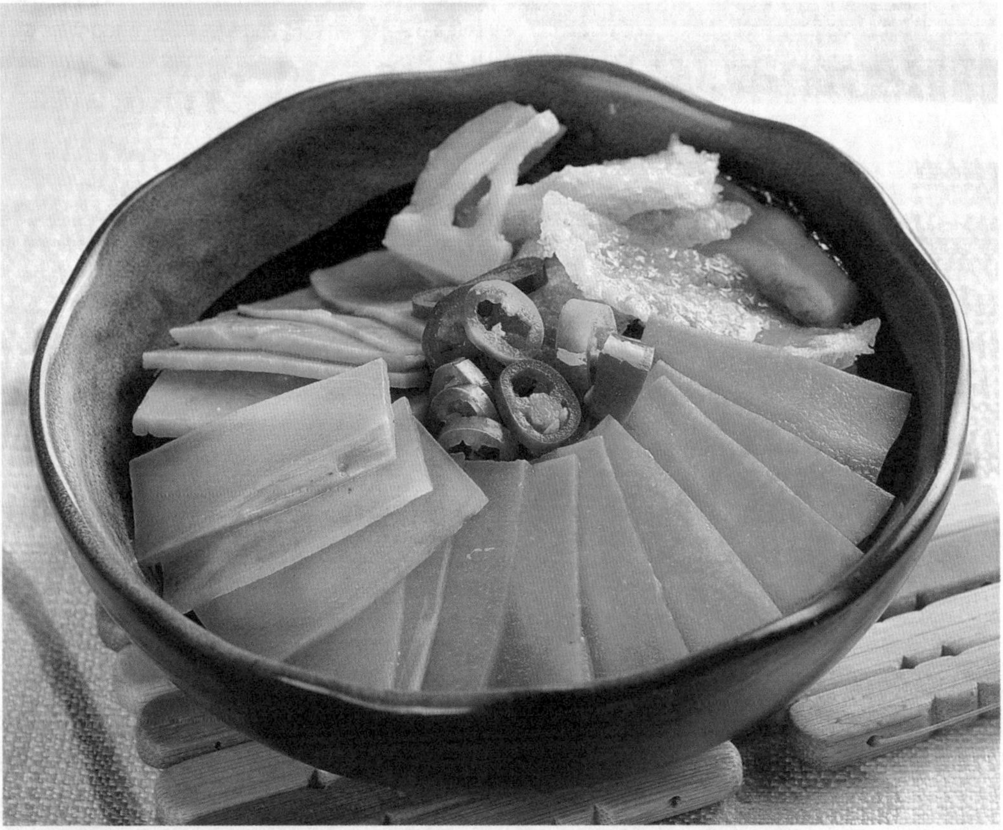

凉拌美味三鲜

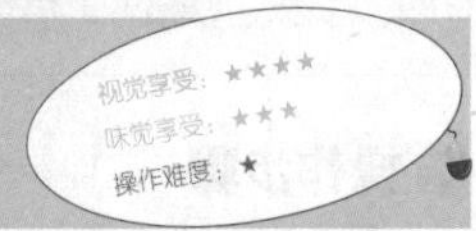

TIME 15分钟

菜品特点 清爽脆嫩 消暑解热

视觉享受：★★★★
味觉享受：★★★
操作难度：★

主料： 午餐肉、胡萝卜、莴笋、鲜香菇、莲藕、银耳各适量

配料： 青、红杭椒各1个，白醋20克，食盐5克，鸡精3克，姜末、蒜末、辣椒油、花椒油各适量，香油少许

操作步骤

①胡萝卜、莴笋、莲藕、鲜香菇洗净，切片；午餐肉切片；银耳泡发，撕成小朵；杭椒洗净，切段。

②锅中烧开水，加入食盐，将除午餐肉外的主料分别焯水至断生，捞出过凉水，沥干水分，将所有主料、杭椒摆盘。

③小碗中放入辣椒油、食盐、香油、鸡精、白醋、姜末、蒜末、花椒油，拌匀后淋在主料上即可。

操作要领

在制作时可根据手边的时蔬，自行选择。

营养贴士

此菜营养丰富，各菜之间相互补充，不但有人体必需的维生素，还有助于身体健康、延年益寿。

芥末红椒拌木耳

主料： 干木耳20克，红椒100克

配料： 食盐10克，生抽少许，醋、香油、芥末油、香菜各适量

操作步骤

①干木耳用温水泡发，去除根部，撕成小朵；红椒洗净切丝；香菜切段。

②锅中水烧开，加入适量食盐，放入木耳焯熟，捞出后过凉水，沥干水分。

③木耳、红椒丝、香菜段放入碗中，调入食盐、生抽、醋、香油、芥末油，拌均匀即可。

操作要领

在制作本菜时，可根据需要或者个人口味，选择芥末油或是芥末酱。

营养贴士

芥末具有开胃的作用，能增进食欲，另外，常食用还有解毒、美容养颜等功效。

主料： 奶油生菜200克

配料： 樱桃番茄50克，熟白芝麻25克，花生碎15克，芥末粉10克，白醋15克，白糖5克，食盐、鸡精各3克

操作步骤

①生菜掰开洗净，切成段；樱桃番茄洗净，切片。

②芥末粉放在小碗内，加少许沸水浸泡，然后把花生碎、白醋、白糖、食盐、鸡精倒入小碗内，拌匀。

③生菜、樱桃番茄放在盘内，把调好的汁浇在上面，撒上白芝麻即可食用。

操作要领

在制作时也可以手撕生菜，这样更容易保持菜的口感，锁住营养。

营养贴士

生菜营养丰富，还具有清热安神、清肝利胆、养胃的功效。

芥末拌生菜

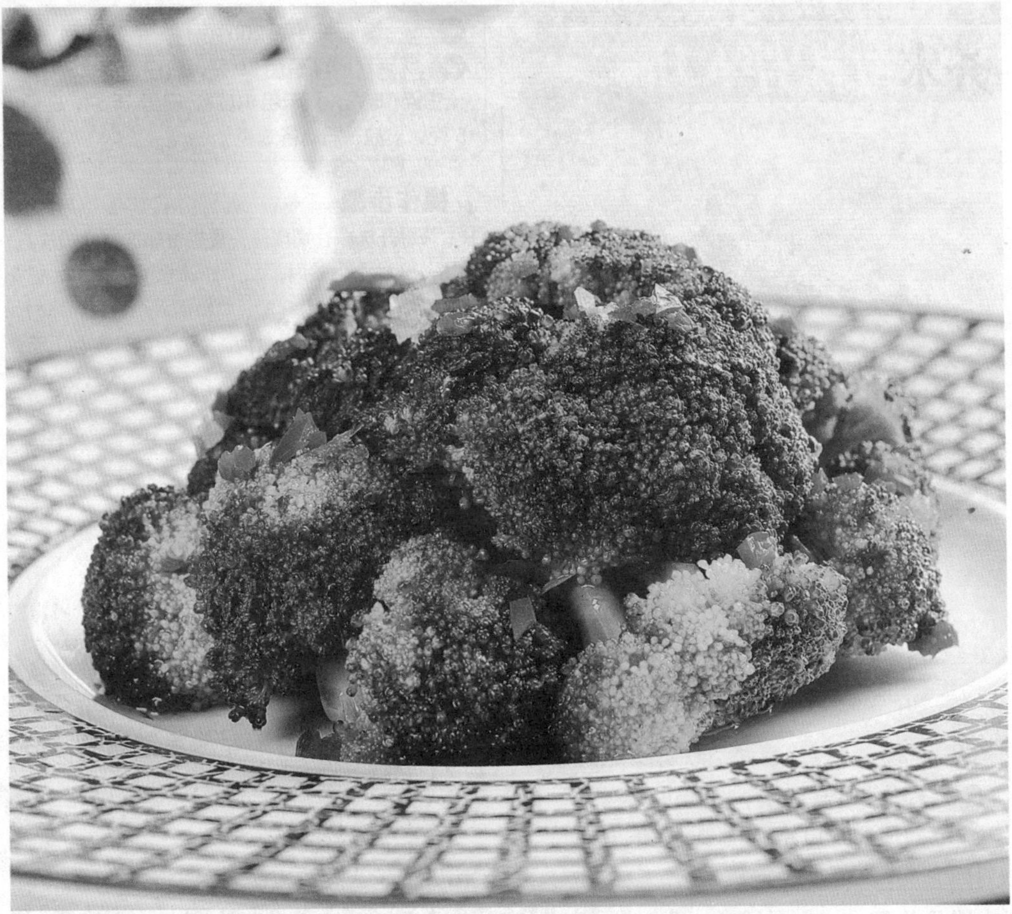

椒蒜西兰花

TIME 10分钟

视觉享受：★★★
味觉享受：★★★
操作难度：★★

菜品特点：酸辣清爽

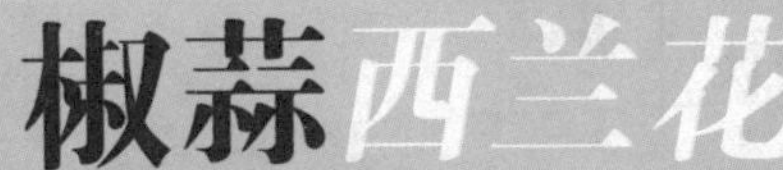

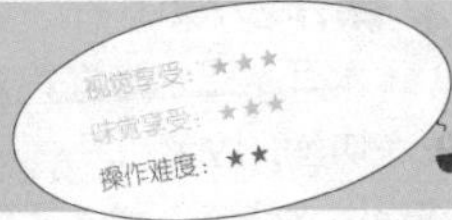

主料： 西兰花 250 克

配料： 红椒 2 个，干辣椒段 5 克，食盐 5 克，白醋 15 克，鸡精 3 克，香油 3 克，白糖 5 克，植物油 20 克，蒜末适量

操作步骤

①西兰花洗净掰成小朵，焯熟，过凉水，沥干水分；红椒洗净，切粒。

②取一小碗，加入食盐、白醋、白糖、鸡精、香油、红椒粒、蒜末搅拌均匀，倒入西兰花中。

③锅中烧植物油，放入干辣椒段，爆香后立即离火取出干辣椒，趁热倒入西兰花中拌匀即可。

操作要领

油温不要太高，否则辣椒焦而黑，影响口感和色彩。

营养贴士

西兰花富含维生素 C，而且具有防癌抗癌的功效。

视觉享受：★★★ 味觉享受：★★★★ 操作难度：★

养颜蔬果沙拉

TIME 10分钟

菜品特点：新鲜清爽 开胃解暑

主料： 黄瓜、雪梨各100克，新鲜草莓80克，西芹50克

配料： 果醋50克，蜂蜜10克，白芝麻少许

操作步骤

①黄瓜和雪梨分别洗净，去皮，切成丝；新鲜草莓、西芹洗净，切成小块。

②果醋、蜂蜜放入碗中调匀。

③黄瓜、雪梨、草莓、西芹放入碗中，淋入酸甜汁拌匀，放入冰箱中冷藏1小时，食用时撒些白芝麻即可。

操作要领

制作蔬果沙拉时，可根据口味自己搭配食材。

营养贴士

此菜能够补充人体所需的维生素以及水分，营养美味，夏季食用尤佳。

主料： 生菜、黄瓜、樱桃萝卜、樱桃番茄、紫皮洋葱、杭椒各适量

配料： 沙拉酱100克

操作步骤

①生菜掰开洗净，撕成小片；黄瓜、番茄、萝卜、洋葱、杭椒分别洗净，改刀切好。

②所有主料全部放入碗中，加入沙拉酱，拌匀即可。

操作要领

各种时蔬一定要清洗干净，改刀时切得要均匀。

营养贴士

生菜中水分含量高，还含有β—胡萝卜素、维生素C、维生素E和铁质等。经常用眼的人，可多吃此菜，补充维生素，而维生素E具有延缓细胞老化的作用。

视觉享受：★★★★ 味觉享受：★★★ 操作难度：★

川式生菜沙拉

TIME 10分钟

菜品特点：香辣味美 脆嫩爽口

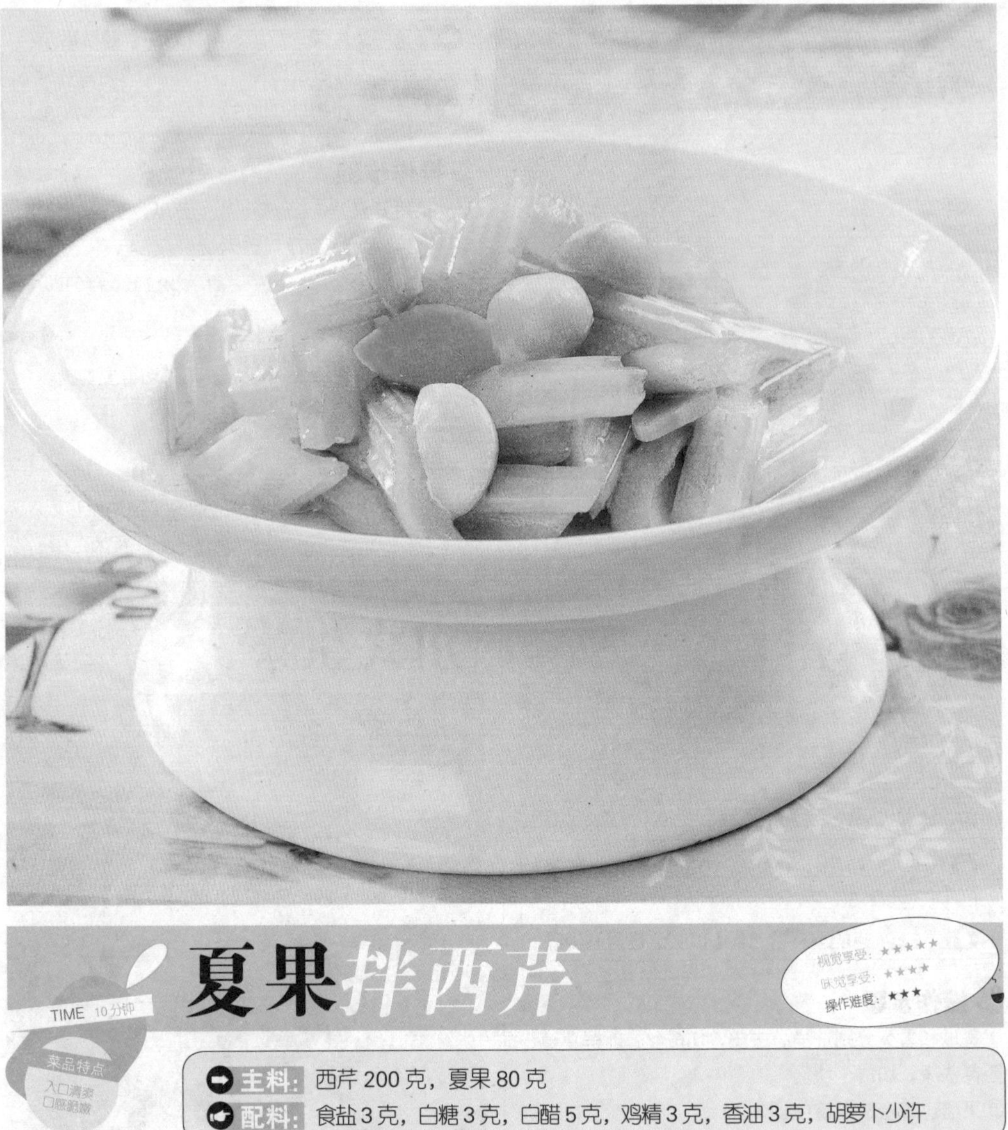

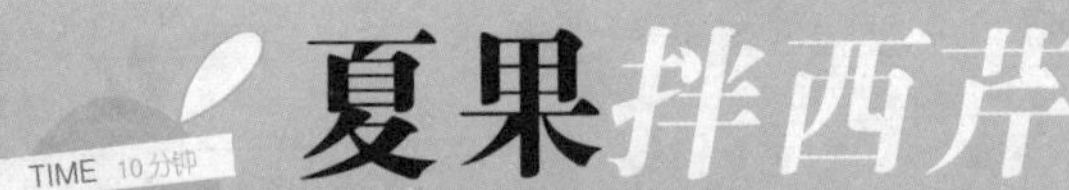

夏果拌西芹

视觉享受：★★★★★
味觉享受：★★★★
操作难度：★★★

TIME 10分钟

菜品特点
入口清爽
口感脆嫩

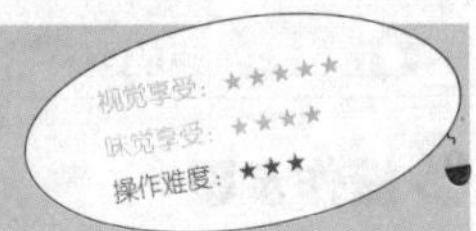

主料： 西芹200克，夏果80克

配料： 食盐3克，白糖3克，白醋5克，鸡精3克，香油3克，胡萝卜少许

操作步骤

①将西芹、胡萝卜洗净，西芹切成菱形，胡萝卜切片，焯水，沥干水分后装入碗中。

②夏果去壳，对半掰开，放入西芹碗中，加入食盐、白糖、白醋、鸡精、香油搅拌均匀，食用时装盘即可。

操作要领

西芹焯水后要迅速放入冷水中，否则颜色就会变暗。

营养贴士

芹菜具有平肝清热、祛风利湿、除烦消肿、凉血止血、解毒宣肺、健胃利血、清肠利便、润肺止咳、降低血压、健脑镇静的功效。

视觉享受：★★ 味觉享受：★★★ 操作难度：★★

剁椒娃娃菜

TIME 10分钟

菜品特点 酸辣可口

主料： 娃娃菜300克

配料： 剁椒30克，白醋20克，食盐5克，鸡精5克，蒜适量

操作步骤

①娃娃菜洗净，掰开，焯水后过凉水投凉，沥干水分。

②蒜捣碎，放入碗中，加入食盐、白醋、鸡精、剁椒和少量清水搅拌均匀，浇在娃娃菜上拌匀，30分钟后入味即可食用。

操作要领

娃娃菜很容易软，在开水中稍微一烫即可。

营养贴士

娃娃菜中富含胡萝卜素、B族维生素、维生素C、钙、磷、铁等营养物质。

视觉享受：★★★ 味觉享受：★★★★ 操作难度：★★

脆皮玉米

TIME 20分钟

菜品特点 香脆可口

主料： 玉米200克

配料： 鸡蛋1个，植物油、玉米淀粉各适量

操作步骤

①玉米洗净控干水，撒上一层玉米淀粉，让淀粉裹匀每颗玉米。

②加进一些鸡蛋液拌匀，使每个玉米粒都醮上鸡蛋液，然后在上面再撒上一层玉米淀粉，拌匀。

③锅内倒多些植物油，油温五成热时，下玉米炸至外酥内熟时捞起装盘即可。

操作要领

吃的时候上面可以撒些白糖或朱古力糖针。

营养贴士

此菜具有杀菌、促进皮肤的新陈代谢、护肤、防癌、降脂等功效。

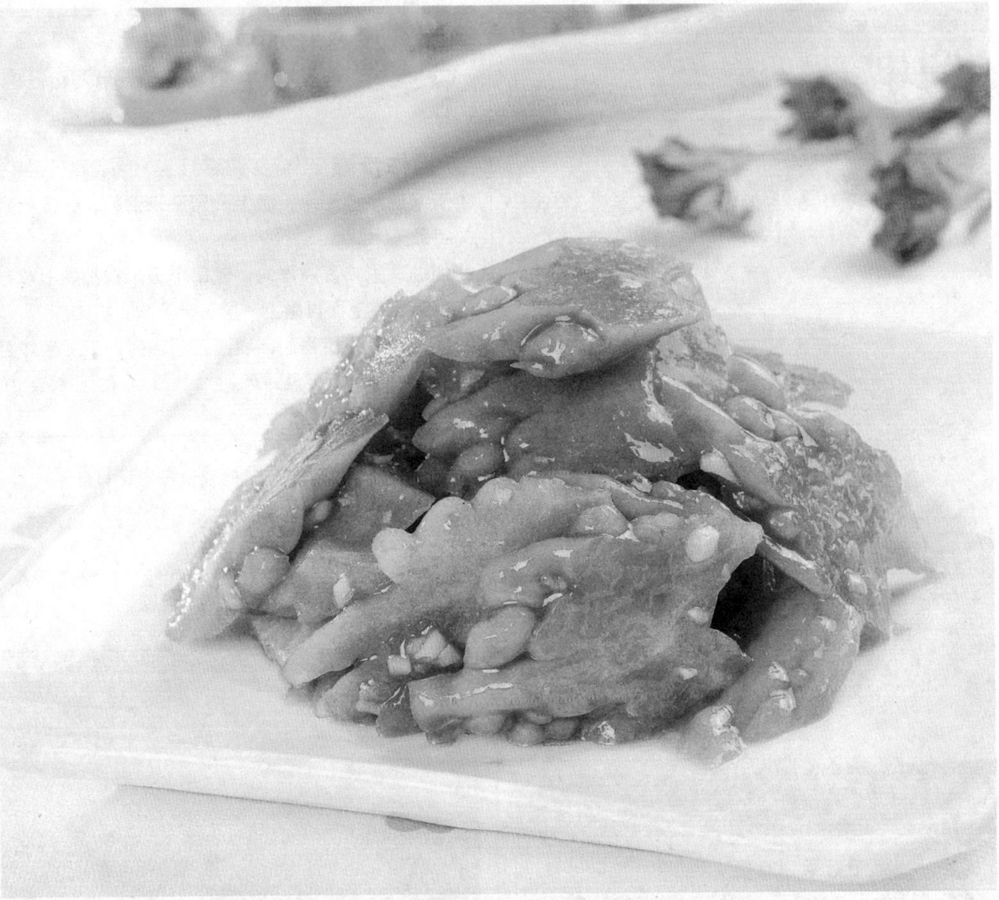

五味苦瓜

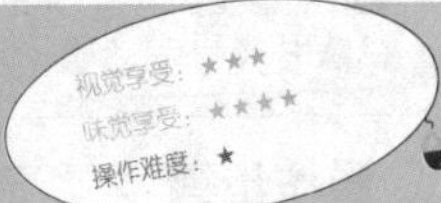

TIME 10分钟

菜品特点：酸辣清爽 口感多样

视觉享受：★★★
味觉享受：★★★★
操作难度：★

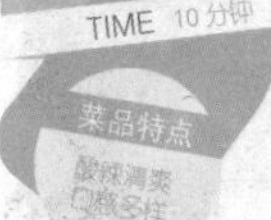

主料： 苦瓜1根

配料： 食盐5克，鸡精5克，白糖5克，陈醋适量，姜、蒜、香油、辣椒油各少许

操作步骤

①苦瓜对剖切开，挖去瓤、籽，切片；姜、蒜均切末。

②苦瓜下沸水锅中，放食盐，煮1~2分钟，捞出后用凉水冲凉。

③冲凉后的苦瓜沥干水分放碗里，加入食盐、鸡精、白糖、姜末、蒜末、陈醋、辣椒油、香油拌匀即可。

操作要领

焯过水的苦瓜，马上放到凉水里泡几分钟，凉水热了可以换一次。这样处理过的苦瓜就又脆又青了。

营养贴士

苦瓜具有清热解暑、明目解毒的作用。

土豆泥

主料： 土豆300克，培根30克

配料： 食盐3克，沙拉酱10克，白糖15克，白胡椒粉少许

操作步骤

①土豆洗净，入锅煮至土豆皮开始脱落。

②培根切成粒，放入预热180℃的烤箱中，烤30秒，取出晾凉。

③煮好的土豆剥皮，捣成土豆泥，晾凉。

④将所有的主料加入配料拌匀即可。

操作要领

如果喜欢吃鸡蛋的话，可以放熟的鸡蛋白丁，也可再放入些洋葱末。

营养贴士

土豆具有和胃调中、益气健脾、强身益肾、消炎活血的功效。

主料： 芦笋300克

配料： 青椒、红椒各15克，洋葱10克，食盐5克，白糖5克，花椒6粒，生抽、白醋、干辣椒、植物油各适量，鸡精、胡椒粉各少许

操作步骤

①芦笋去老皮洗净，切丝；青椒、红椒、洋葱洗净，切丝；芦笋里加食盐、白醋、生抽、鸡精、胡椒粉、白糖、青椒、红椒、洋葱拌匀。

②锅烧热，倒入少许植物油，烧到八成热放入干辣椒和花椒炝出味，离火捞出干辣椒和花椒，趁热将油浇到芦笋丝上，拌匀即可食用。

操作要领

芦笋切丝后不要水洗，即使洗也要把水控干，否则会失去它本身的清香。

营养贴士

芦笋富含多种氨基酸、蛋白质和维生素，能够提高身体免疫力。

凉拌芦丝

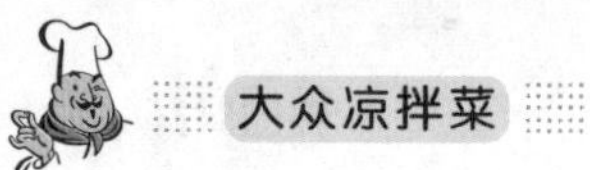

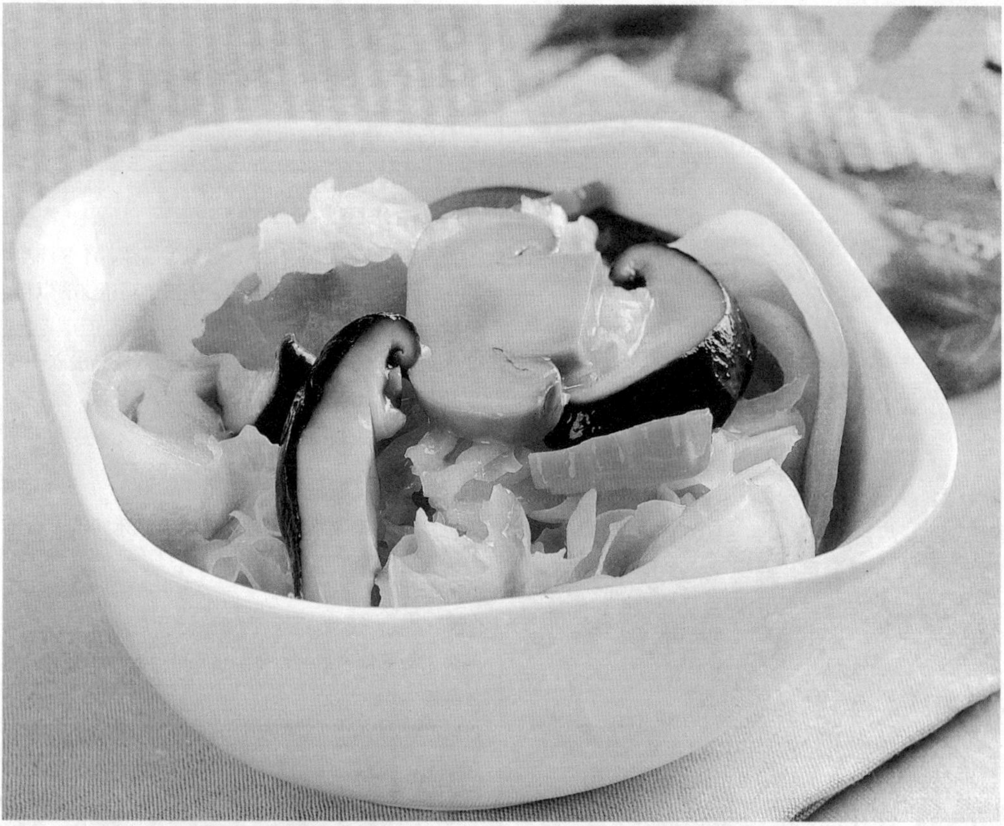

上汤鲜蘑

TIME 10分钟

视觉享受：★★★
味觉享受：★★★
操作难度：★

菜品特点
清香爽滑
增强食欲

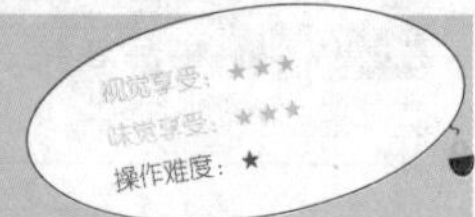

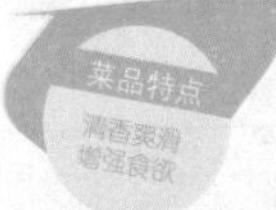

主料： 双孢菇3朵，香菇3朵，银耳50克，小油菜2棵

配料： 高汤150克，食盐5克，白醋10克，鸡精3克，美极鲜10克，白糖5克，胡萝卜少许

操作步骤

①银耳泡发，洗净，撕成小朵；双孢菇、香菇分别洗净，切成片；小油菜洗净，对半切开；胡萝卜切成片状花形。

②锅内加水，烧开，分别将银耳、双孢菇、香菇、小油菜焯水至断生，捞出后过凉水，沥干水分。

③取一碗，以小油菜垫底，放入剩余主料。

④锅中加高汤烧开，加入胡萝卜、食盐、鸡精、美极鲜、白醋、白糖，调匀，倒入主料中，拌匀即可。

操作要领

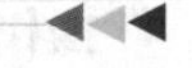

银耳焯水时间不能太长，否则容易煮烂，口感不好。

营养贴士

银耳是传统的美容保健食品，其富含的维生素D能有效地防止体内钙的流失，有利于人体的生长和发育。

主料： 黄瓜300克

配料： 甜面酱、干红椒段各适量，白糖5克，植物油、醋、葱末各少许

操作步骤

①热锅中倒入植物油，烧热后加入干红椒段、葱末，出香味后倒入甜面酱，加入白糖炒香，加入少量清水，煮沸后盛出晾凉。

②黄瓜洗净，切成薄片摆在盘中，淋入炒制过的酱汁，加入醋，拌匀即可。

操作要领

在炒酱的时候多放点油会更香。

营养贴士

黄瓜中除了含有人体必需的蛋白质、脂肪、碳水化合物外，还含有葡萄糖、半乳糖、甘露糖、木米糖、果糖等营养物质。

主料： 南瓜300克

配料： 红椒30克，豆豉酱20克，辣椒油10克，白醋15克，食盐5克，香油、鸡精各3克，葱花、蒜末各适量

操作步骤

①南瓜去皮，洗净后切成长5厘米、宽1厘米的条；红椒洗净切粒。

②锅中烧开水，放入南瓜焯水至断生，捞出过凉水，沥干水分。

③南瓜放入碗中，加入所有配料拌匀即可。

操作要领

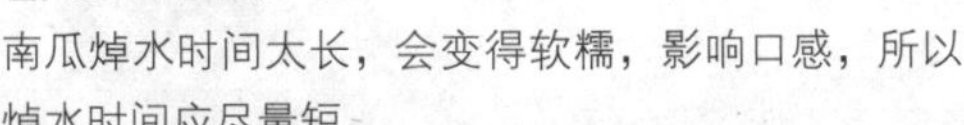

南瓜焯水时间太长，会变得软糯，影响口感，所以焯水时间应尽量短。

营养贴士

南瓜含有淀粉、蛋白质、胡萝卜素、维生素B、维生素C和钙、磷等成分，营养十分丰富。

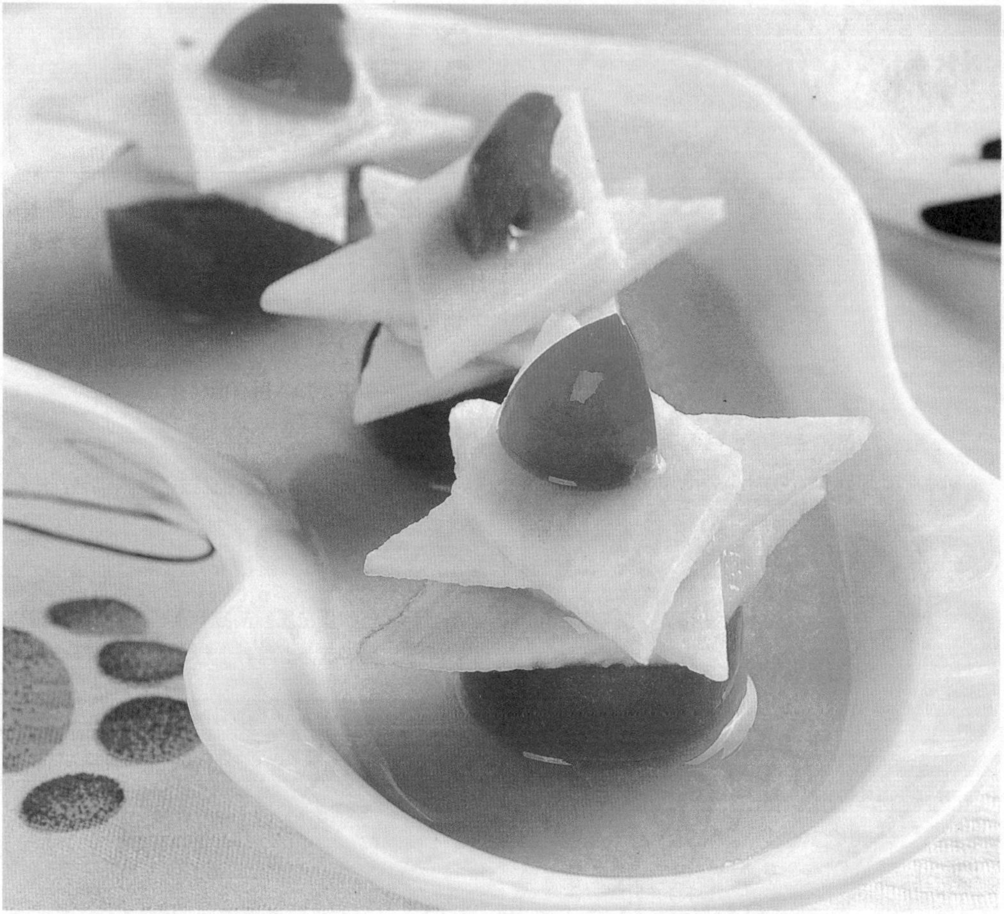

橙汁山药

TIME 20分钟

视觉享受：★★★
味觉享受：★★★
操作难度：★★

菜品特点
甜酸可口
色泽艳丽

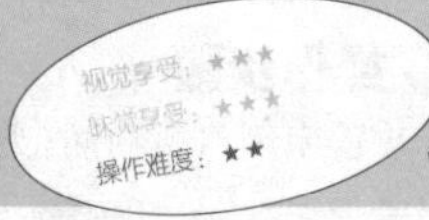

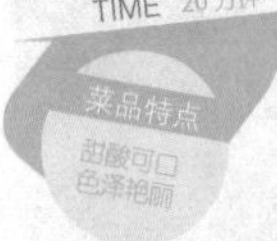

主料： 山药300克

配料： 樱桃番茄5个，橙汁适量，食盐5克

操作步骤

①山药去皮，洗净，先切段，再斜切成菱形片；樱桃番茄一部分切圆片，一部分切成1/4的小块。

②锅中烧开水，加少许食盐，放入山药焯水至断生，捞出后冲凉水，沥干水分。

③取一长盘，将樱桃番茄与山药交错摆好盘，浇上橙汁，腌渍15分钟即可食用。

操作要领

新鲜山药容易跟空气中的氧产生氧化作用，切好后应当放到清水中浸泡。

营养贴士

多食山药有“聪耳明目”“不饥延年”的功效，对人体健康非常有益。

视觉享受：★★★★　味觉享受：★★★　操作难度：★

金针菇拌黄瓜

TIME 15分钟

菜品特点：脆嫩可口　滋味丰富

主料： 黄瓜150克，金针菇100克，黄花菜30克

配料： 红椒30克，白醋20克，姜末、蒜末、花椒油各适量，食盐5克，鸡精、香油各3克

操作步骤

①黄瓜、红椒洗净切成丝；金针菇切去根部有杂质的部分，撕开洗净；黄花菜泡发，洗净。

②金针菇、黄花菜分别放入沸水中煮约1分钟，捞出过凉水，沥干水分。

③所有食材放入碗中，淋入以姜末、蒜末、食盐、香油、白醋、鸡精、花椒油调成的汁，拌匀即可。

操作要领

如果喜欢吃辣，可以加入一些辣椒油提味。

营养贴士

金针菇有促进儿童智力发育和健脑的作用，在许多国家被誉为“益智菇”和“增智菇”。

主料： 干黑木耳15克，胡萝卜50克，瘦猪肉50克

配料： 食盐5克，味极鲜、料酒、植物油各适量，葱花、姜末、白醋、鸡精各少许

操作步骤

①将瘦猪肉切成薄片，放入碗中加食盐、姜末、料酒腌渍片刻；黑木耳泡发，撕成小朵，胡萝卜切成圆片，分别焯水，过凉水，沥干水分。

②热锅中放入植物油，将肉片加少许食盐炒熟盛出。

③黑木耳、胡萝卜、肉片放入容器中，加入食盐、白醋、鸡精、味极鲜搅拌均匀，撒上葱花即可。

操作要领

瘦猪肉用姜末、料酒腌渍片刻，可以有效去除肉的腥味。

营养贴士

黑木耳味道非常鲜美，营养很丰富，搭配素荤食用均可。

视觉享受：★★★　味觉享受：★★★　操作难度：★★

木耳拌胡萝卜

TIME 20分钟

菜品特点：味鲜脆嫩

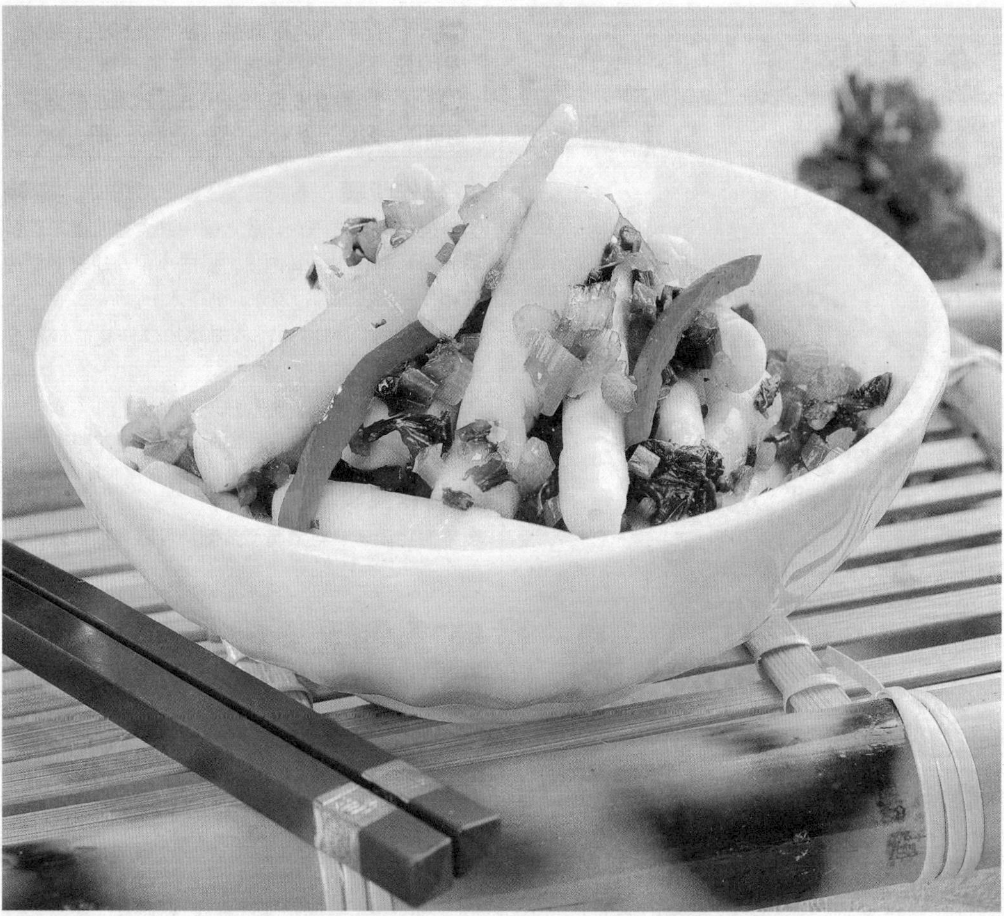

雪菜罗汉笋

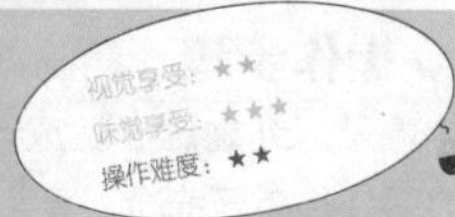

TIME 15分钟

视觉享受：★★
味觉享受：★★★
操作难度：★★

菜品特点
咸酸适宜
微辣爽口

主料： 雪菜200克，罗汉笋200克

配料： 红椒半个，葱白15克，白糖10克，白醋15克，生抽少许，食盐5克，鸡精3克，香油5克，植物油适量

操作步骤

①雪菜去除根部洗净，罗汉笋洗净，分别放入沸水锅中焯水，捞出过凉水，沥干水分，雪菜切碎，罗汉笋切长段；红椒切丝；葱白切碎。

②锅中放适量植物油，烧热后加葱花，爆出香味，浇在主料中，随后调入食盐、白糖、鸡精、白醋、生抽、香油，搅拌均匀即可食用。

操作要领

菜中加入葱段制成的葱油，更能增添菜的美味。

营养贴士

罗汉笋具有开胃、促进消化、增强食欲的作用。

视觉享受：★★★★ 味觉享受：★★★ 操作难度：★

柠汁青瓜

TIME 10分钟

主料： 青瓜200克，柠檬片、柠檬汁各适量

配料： 白糖15克，白醋10克，食盐3克，凉开水50克

操作步骤

①新鲜的青瓜洗净去皮，切去尾部，切成长条。

②将青瓜条放入盆中，加入食盐、白糖、白醋、柠檬汁，再加入凉开水，泡制2小时，捞起码入盘中。再用柠檬片装饰盘边即可。

操作要领

可用蜂蜜代替白糖，这样吃起来更营养、健康。

营养贴士

青瓜中含有丰富的维生素E，可起到延年益寿、抗衰老的作用；青瓜中的青瓜酶，有很强的生物活性，能有效地促进机体的新陈代谢。

主料： 蕨菜200克，鲜香菇100克

配料： 胡萝卜50克，食盐5克，鸡精5克，花椒油、生抽各适量

操作步骤

①鲜香菇去蒂洗净，切片；蕨菜洗净，切段；胡萝卜洗净，切丁。

②鲜香菇、蕨菜、胡萝卜放入沸水锅中，焯水至断生，过凉水后，控干水分，加食盐、鸡精、花椒油、生抽拌匀即可。

操作要领

香菇的正确清洗方法：用几根筷子或手在水中朝一个方向旋搅，以清除香菇表面及菌褶部的泥沙；但要注意不要正反方向同时旋搅，否则沙粒会被重新卷入到菌褶中。

营养贴士

蕨菜含有丰富的蛋白质、糖类、有机酸、纤维素和多种维生素。

视觉享受：★★★ 味觉享受：★★★ 操作难度：★★

香菇拌蕨菜

TIME 10分钟

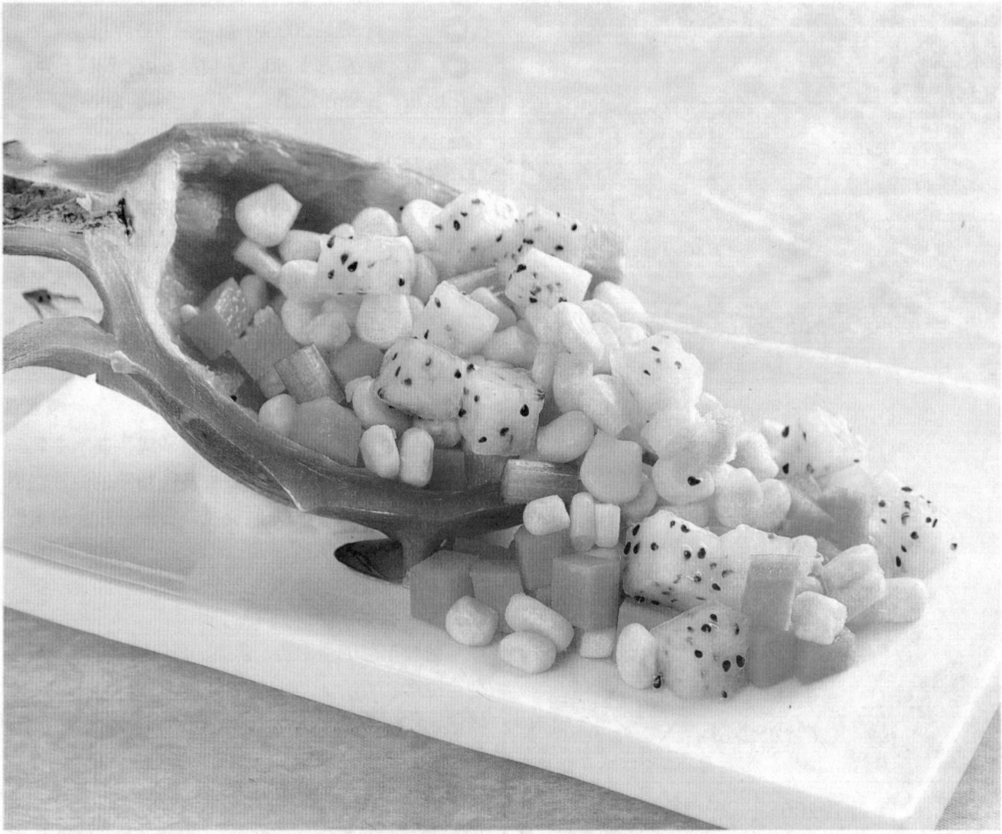

火龙玉米粒

TIME 10分钟

菜品特点
色彩艳丽
金黄灿烂

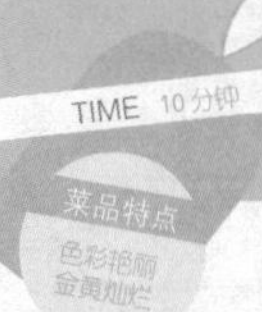

视觉享受：★★★★
味觉享受：★★★
操作难度：★★

主料： 玉米粒 200 克，火龙果 1 个

配料： 胡萝卜 50 克，香芹 30 克，蜂蜜 30 克，柠檬汁 20 克，食盐少许

操作步骤

①玉米粒焯水，煮熟，放在容器中；香芹、胡萝卜切丁，入沸水中焯熟，过凉水，沥干水分；火龙果洗净，对半切开，挖出果肉，切丁，并留一半果皮作装饰。

②玉米粒、火龙果、胡萝卜、香芹放入碗中，加入蜂蜜、柠檬汁、食盐、少许清水拌匀，食用时以火龙果皮作装饰，摆盘即可。

操作要领

玉米粒最好选用水果玉米，越嫩越好。

营养贴士

玉米中含蛋白质，与富含维生素 C 的食物同食，可防黑斑和雀斑。

视觉享受：★★★★ 味觉享受：★★★ 操作难度：★

腌拌青椒块

主料： 青椒250克

配料： 火腿、红椒各50克，白醋15克，香菜5克，食盐3克，鸡精2克，胡椒粉3克，香油2克

操作步骤

①青椒、红椒去蒂、籽，洗净，切成1.5厘米的小方块，用食盐腌几小时后取出沥去盐水。

②火腿切丁；香菜洗净切段。

③将鸡精、胡椒粉、香油、食盐、白醋同青椒、红椒块拌匀，放入盘内，撒上火腿丁、香菜段即成。

操作要领

如果不习惯生吃青椒，可放入沸水中焯一下。

营养贴士

青椒辛温，能够通过发汗而降低体温，并缓解肌肉疼痛，因此具有较强的解热镇痛作用。

主料： 莴苣叶300克

配料： 食盐5克，白醋15克，白糖5克，大蒜3瓣，香油3克

操作步骤

①莴苣叶洗净后切成小段，入沸水焯半分钟，捞出沥干水分，晾凉；蒜切成末。

②将莴苣叶装入一个大碗中，加入食盐、白醋、白糖、蒜末、香油，调拌均匀，食用时盛入盘中即可。

操作要领

莴苣叶略带苦味，在沸水中焯一下可减少苦涩的口感，但也可根据个人喜好选择生食。

营养贴士

莴苣叶能促进胃液的分泌，刺激消化，增进食欲，并具有镇痛和催眠的作用。

视觉享受：★★ 味觉享受：★★★ 操作难度：★★

凉拌莴苣叶

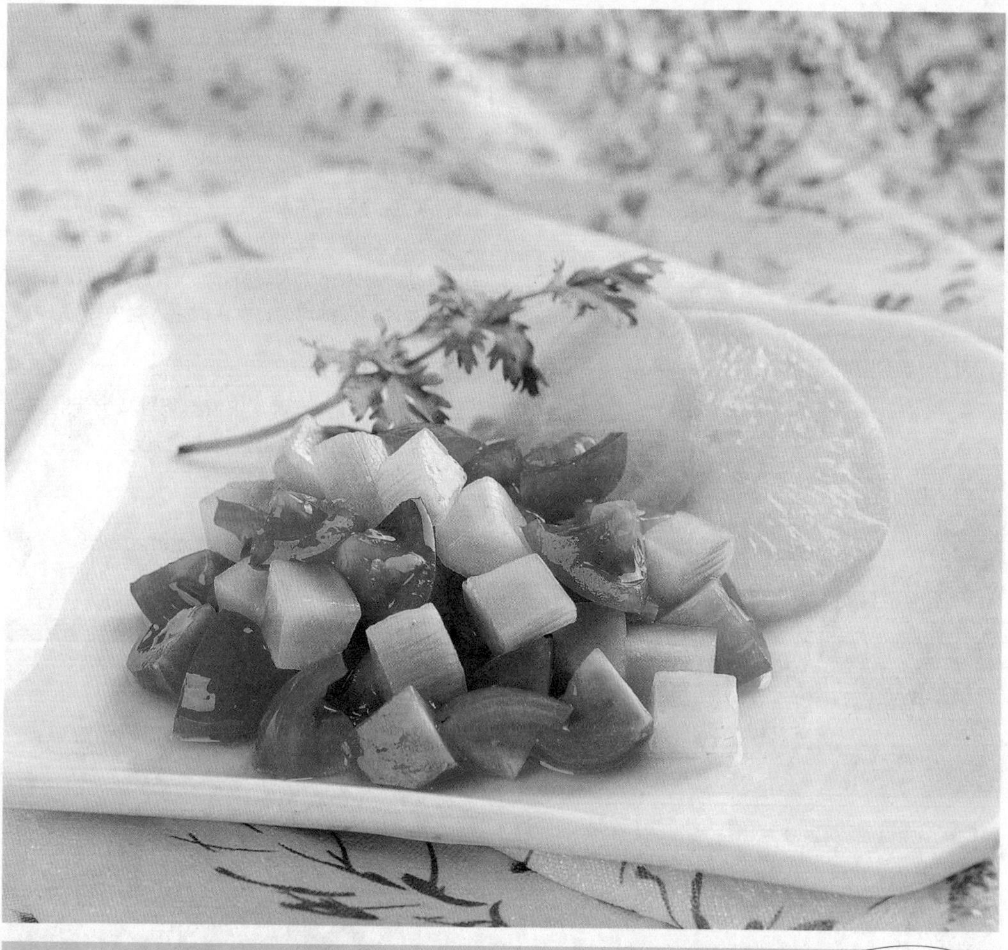

柠檬圣女果

TIME 35分钟

菜品特点：酸甜可口 清热解毒

视觉享受：★★★★
味觉享受：★★★
操作难度：★

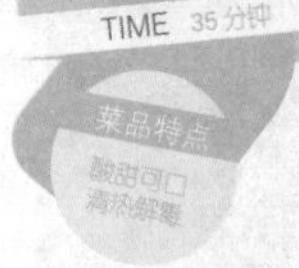

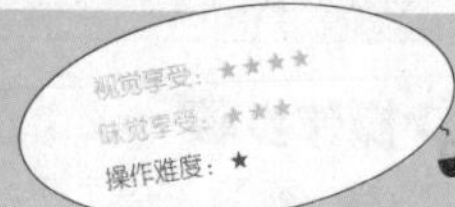

主料： 圣女果 200 克，莴笋 150 克
配料： 糖渍柠檬 30 克

操作步骤

①圣女果去蒂洗净，切成小块。

②莴笋去皮洗净，切成小块，放入沸水锅中焯一下，过凉水，沥干水分。

③圣女果、莴笋放入一个大碗中，加入糖渍柠檬、少许清水，放入冰箱中冷藏半小时，取出摆盘即可。

操作要领

圣女果在切前最好在盐水中泡 10 分钟，这样可以去除上面的农药。

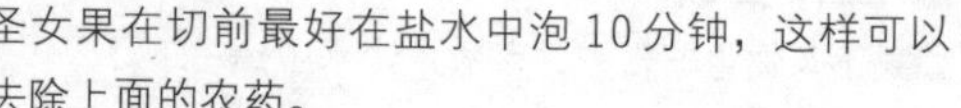

营养贴士

圣女果中富含维生素 C，食后能生津止渴、健胃消食。

视觉享受：★★★ 味觉享受：★★★ 操作难度：★★

芝麻酱拌菠菜

TIME 10分钟

主料： 菠菜300克，干木耳10克

配料： 食盐5克，鸡精5克，芝麻酱、葱白丝、蒜泥各少许，白糖3克，白醋、辣椒油、生抽各适量

操作步骤

①温水泡发木耳，洗净后撕成小朵；菠菜择好洗干净，切段。

②锅中水烧开放入少许食盐，分别将木耳、菠菜焯水至断生，取出后用凉水冲凉，沥干水分。

③用温水冲调芝麻酱，稠度适中后加入蒜泥、白糖、食盐、白醋、生抽、辣椒油拌匀。

④菠菜、木耳、葱白丝放入碗中，加入酱汁搅拌匀即可。

操作要领

菠菜含草酸较多，会对钙的吸收有影响，一定要用开水烫一下再烹调。

营养贴士

菠菜含有类似胰岛素样的物质，作用与胰岛素很相似，可以使血糖保持平衡，而且它的维生素含量很可观。

主料： 香芹250克

配料： 剁椒、红椒各30克，蒜瓣3个，香醋15克，花椒油、白糖各10克，食盐5克，鸡精3克

操作步骤

①香芹择去叶子，洗净切段；红椒洗净切丝；剁椒剁细；蒜瓣用刀背拍碎。

②香芹放入沸水锅中，焯水至断生，捞出过凉水，沥干水分。

③香芹放入碗中，淋入以蒜、香醋、花椒油、白糖、食盐、鸡精调成的汁，拌匀，撒上红椒丝即可。

操作要领

调制凉菜时适当放些大蒜和醋，能起到杀菌提味的作用。

营养贴士

香芹是高纤维食物，具有抗癌防癌的功效，它经肠内消化作用产生一种木质素物质，可抑制肠内细菌产生的致癌物质。

视觉享受：★★★ 味觉享受：★★★★ 操作难度：★

凉拌香芹

TIME 10分钟

银耳拌豆芽

TIME 10分钟

菜品特点：清淡可口 原汁原味

视觉享受：★★★
味觉享受：★★★
操作难度：★★

主料： 豆芽150克，银耳50克

配料： 青椒丝、干辣椒丝各适量，白糖20克，白醋25克，食盐5克，鸡精3克，植物油少许

操作步骤

①银耳泡发，洗净，撕成小朵；豆芽去除头尾，洗净。

②锅中烧开水，加少许食盐，分别放入银耳、豆芽焯水至断生，捞出后过凉水，沥干水分，全部放入容器中，加入白糖、白醋、食盐、鸡精、青椒丝。

③锅中加少许植物油，下入干辣椒丝爆出香味，趁热浇到银耳与豆芽上，拌匀即可食用。

操作要领

银耳要用凉水泡发，不可用热水，以免烫熟，造成外烂内生。

营养贴士

银耳具有强精、补肾、润肠、益胃、补气、和血、强心、壮身、补脑、提神、美容、嫩肤、延年益寿的功效。

视觉享受：★★★★ 味觉享受：★★★ 操作难度：★

红椒拌扁豆

TIME 10分钟

菜品特点 新鲜爽口 香脆可口

主料： 扁豆200克，青、红椒各50克

配料： 葱油10克，食盐5克，鸡精3克，白糖5克，香油、植物油各少许

操作步骤

①扁豆洗净，切成丝，下入沸水锅内，加植物油、食盐氽热，捞出过凉控水，沥干水分。

②青、红椒洗净切丝，与扁豆一起放入碗中。

③食盐、鸡精、白糖、葱油、香油放入小碗中拌匀，浇在扁豆上拌匀即可。

操作要领

扁豆一定要焯熟，以防残留皂角和植物凝集素。

营养贴士

扁豆营养成分丰富，含有蛋白质、纤维、维生素A、维生素B_1、维生素B_2、维生素C和氰甙、酪氨酸酶等。

主料： 黄豆芽150克，干木耳10克

配料： 蒜、香油各少许，食盐5克，鸡精5克，生抽、白醋各适量

操作步骤

①黄豆芽择去根，洗净；木耳用温水泡发，洗净后去根，切成丝；蒜切成粒。

②黄豆芽、木耳分别放入沸水锅中焯水，过凉水后控干水分，放入碗中。

③蒜粒、食盐、鸡精、生抽、白醋和香油调成调味汁，倒在黄豆芽和木耳上，拌匀即可。

操作要领

黄豆芽在沸水中焯的时间不宜过长，而且焯水后过凉水可保持其脆爽口感。

营养贴士

黄豆芽富含较多的蛋白质和维生素，功效主要有清热明目、补气养血、防止心血管硬化等。

视觉享受：★★★ 味觉享受：★★★ 操作难度：★★

木耳拌金钩

TIME 10分钟

菜品特点 清热解暑

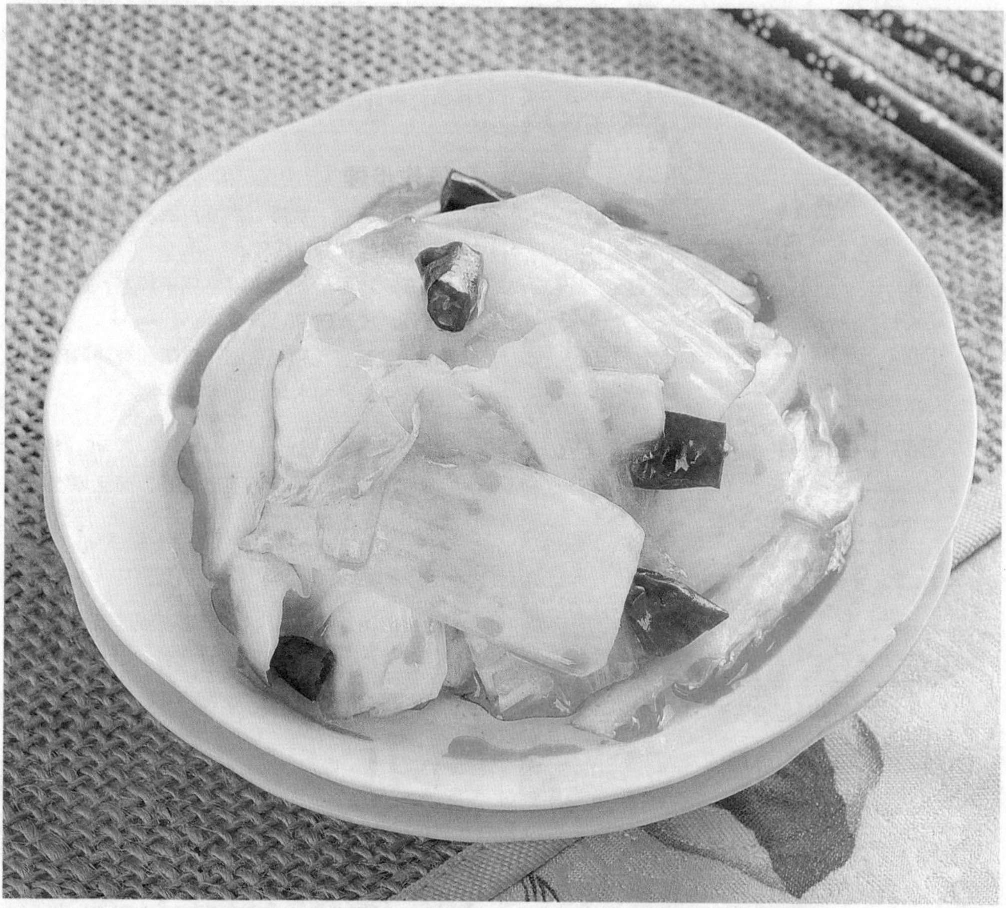

脆口白菜

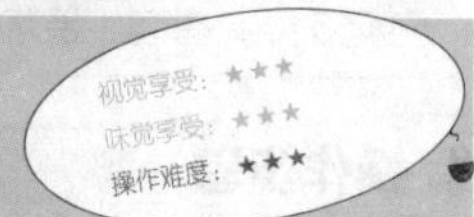

TIME 15分钟

视觉享受：★★★
味觉享受：★★★
操作难度：★★★

菜品特点
酸辣甜脆
清爽利口

主料： 白菜350克

配料： 干辣椒段适量，白糖40克，白醋30克，食盐5克，辣椒油15克，植物油少许

操作步骤

①将白菜剥去老帮，削去菜根和菜梢，切片，平码在小盆内，然后用开水在白菜上浇烫2次，沥尽水分。

②锅中放少许植物油，烧热后加入干辣椒段，爆出香味后浇到白菜上，调入白糖、食盐、白醋、辣椒油，拌匀即可食用。

操作要领

在制作的过程中，择去白菜菜梢可以保证成品的爽脆口感。

营养贴士

此菜不但能润肠，促进排毒，还能促进人体对动物蛋白质的吸收，有消食通便的功效。

视觉享受：★★★ 味觉享受：★★★★ 操作难度：★★

红油豆干雪菜

TIME 10分钟

菜品特点：宽肠开胃

主料： 雪菜200克，豆干100克

配料： 红杭椒3个，香油少许，生抽、红油各适量，鸡精5克

操作步骤

①红杭椒切成粒，豆干切成粒，雪菜洗净切成碎末状（也可直接买罐装的雪菜，都是已经切好的），放在容器中。

②雪菜中加入生抽、鸡精、红油、香油搅拌均匀，即可盛盘上桌。

操作要领

腌制的雪菜本身带有很重的盐分，应放在水中浸泡一会，以去除一些。

营养贴士

雪菜具有利尿止泻、祛风散血、消肿止痛的作用。

主料： 荷兰豆150克，冬笋100克

配料： 胡萝卜50克，食盐5克，鸡精5克，白胡椒粉3克，生抽15克，香油少许

操作步骤

①荷兰豆掐头去尾择去老筋，洗净后切丝；冬笋、胡萝卜洗净，切丝。

②锅中烧开水，加少许食盐，分别放入荷兰豆、冬笋、胡萝卜焯水，颜色变深后立刻捞出过凉水。

③将所有的菜过凉后放在一个容器内，加入食盐、鸡精、白胡椒粉、香油、生抽搅拌均匀即可。

操作要领

荷兰豆吃的就是清爽，焯水时间不能太长。

营养贴士

荷兰豆性平、味甘，具有和中下气、利小便、解疮毒的功效，能益脾和胃、生津止渴、除呃逆、止泻痢、解渴通乳、治便秘。

视觉享受：★★★ 味觉享受：★★★ 操作难度：★★

冬笋拌荷兰豆

TIME 10分钟

菜品特点：色泽淡雅 鲜甜清淡

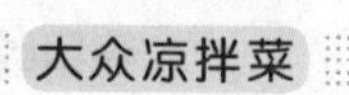

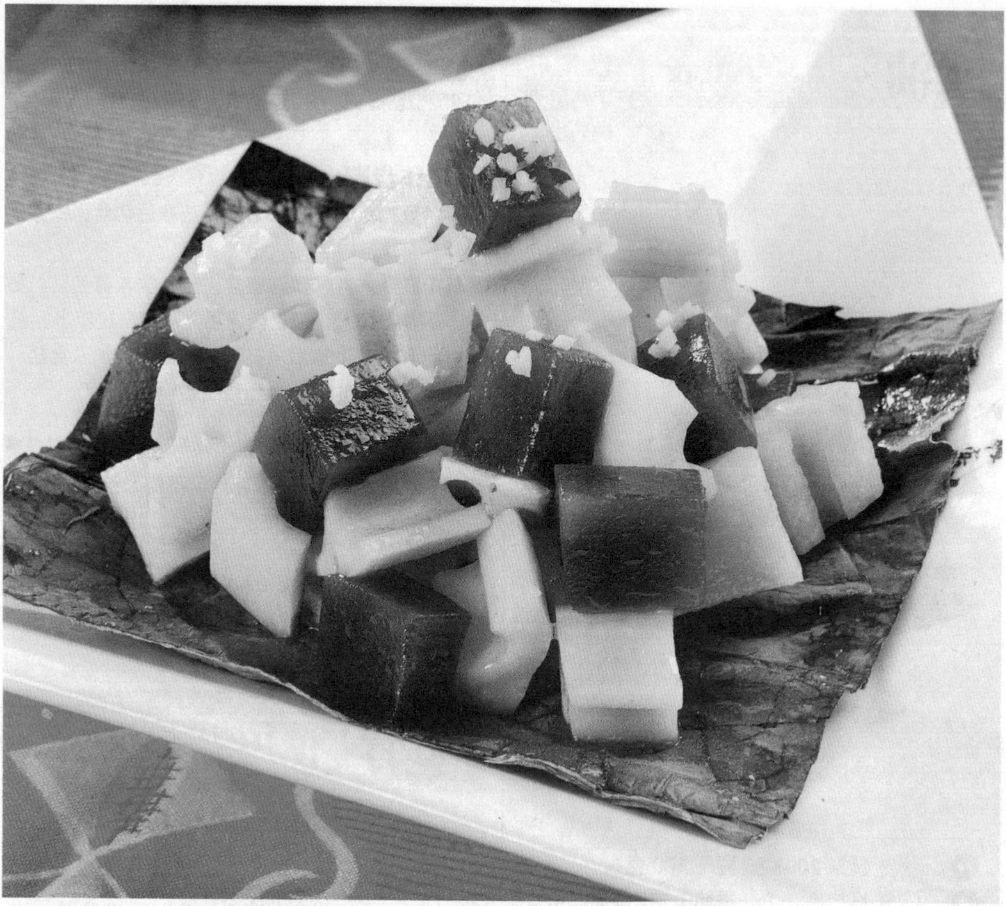

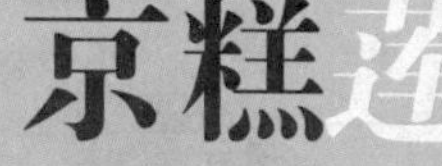

京糕莲藕

TIME 20分钟

菜品特点 酸甜可口

视觉享受：★★★
味觉享受：★★★
操作难度：★★★

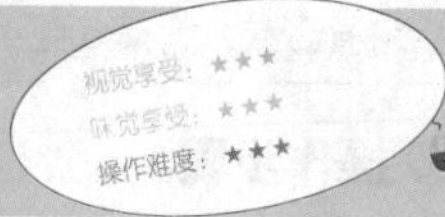

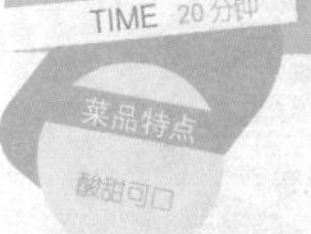

主料： 山楂糕 200 克，鲜莲藕 200 克

配料： 白醋 20 克，白糖适量，食盐、姜末各少许

操作步骤

①莲藕去皮洗净，切成小块；山楂糕切成大致相当的小块。

②将切好的莲藕块放入加白糖的沸水中焯水，投凉，放入水中，加少许食盐浸泡 15 分钟。

③把浸泡好的莲藕块捞出，加入山楂糕、姜末、白醋，拌匀装盘即可。

操作要领

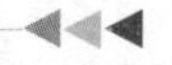

在挑选莲藕时注意选择藕节均匀、表面光洁并且颜色自然的，不要选择过白的莲藕。

营养贴士

莲藕很适合在秋季食用，生食可以清肺润燥，熟食可以健脾开胃，正适合秋季的气候特点。

蒜泥海带

主料： 海带丝 50 克

配料： 蒜泥 30 克，白醋 30 克，生抽 20 克，白糖 15 克，橄榄油 25 克，香油 5 克，鸡精 5 克，食盐 5 克

操作步骤

①海带丝洗净，放入清水中浸泡 2 小时。

②锅中烧开水，倒入海带丝汆烫至熟，捞出放入凉水中，投凉后沥干水分，切成段。

③海带丝放入碗中，加入蒜泥、香油、橄榄油、鸡精、白糖、白醋、生抽、食盐，混合拌匀即可。

操作要领

此菜中也可以放入芹菜、豆芽等，味道一样鲜美。

营养贴士

海带中的海带氨酸有降压作用；海带中的多糖有降血脂作用；海带富含碘，可作为防治甲状腺肿大的疗效食品。

主料： 苦菊 80 克，里脊肉 200 克

配料： 香醋、生抽各 15 克，料酒、姜汁各 10 克，食盐 5 克，鸡精 3 克，植物油、白芝麻、花椒油各适量

操作步骤

①苦菊放在淡盐水中略泡，清洗干净，捞出后沥水切段；里脊肉洗净，切丝。

②锅中放适量植物油，加入肉丝，调入食盐、姜汁、料酒，待肉熟捞出晾凉。

③苦菊、肉丝放入盘中，调入香醋、生抽、鸡精、花椒油、食盐，加入白芝麻拌匀即可。

操作要领

如果觉得口味清淡，可以佐食甜面酱或黄豆酱。

营养贴士

苦菊属菊花的一种，有抗菌、解热、消炎、明目等作用。

里脊丝拌苦菊

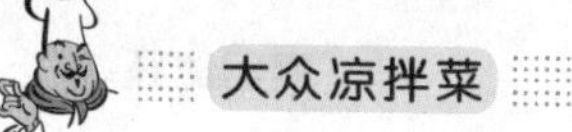

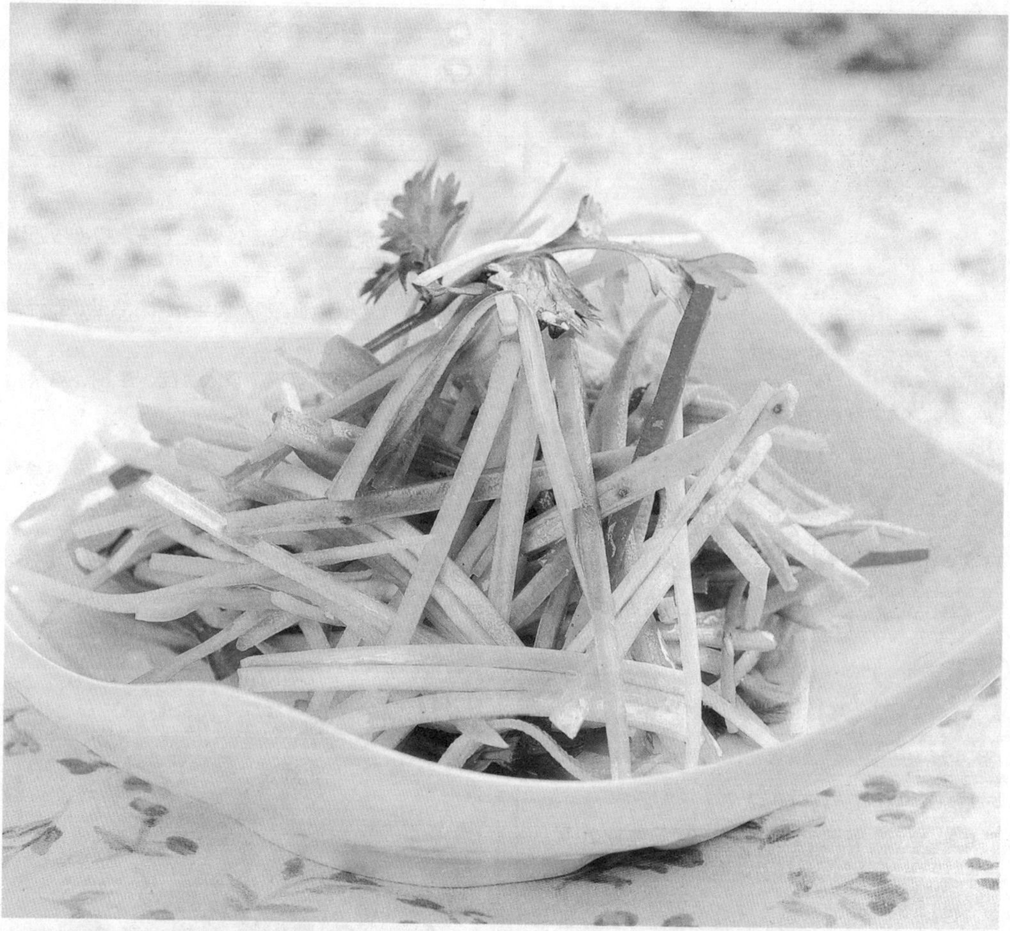

爽口老虎菜

TIME 10分钟

菜品特点：香辣爽口

视觉享受：★★★
味觉享受：★★★
操作难度：★★

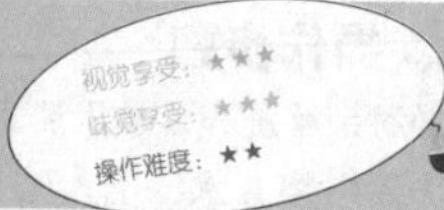

主料： 黄瓜200克，香菜100克，葱白100克，青、红尖椒各1个

配料： 食盐5克，蒜末5克，姜末3克，生抽、沙拉汁各5克，辣椒油3克

操作步骤

①香菜洗净切段；葱白切丝；青、红尖椒洗净切丝；黄瓜去皮洗净，切丝。

②将香菜段、葱白丝、黄瓜丝、青椒丝、红椒丝放入一个大碗中，加入姜末、蒜末和食盐搅拌，加入生抽、沙拉汁、辣椒油，充分拌匀即可。

操作要领

加入沙拉汁能提鲜，没有也可以不加。

营养贴士

尖椒含有丰富的维生素C，可以预防心脏病及冠状动脉硬化、降低胆固醇。

视觉享受：★★　味觉享受：★★★★　操作难度：★★

蒜酱拌茄子

TIME 15分钟

主料： 长茄子300克

配料： 葱白15克，香菜1根，姜2片，蒜4瓣，香菇酱15克，生抽5克，白糖3克，蚝油5克，植物油20克

操作步骤

①茄子洗净，切成5厘米长、2厘米宽的条；葱白、蒜、姜切末；香菜切段。

②锅中倒入植物油，油热后放入葱末、姜末、蒜末，炒出香味后，加入香菇酱，加入生抽、白糖、蚝油，炒匀后加水大火煮开，转中火煮至汤浓稠，酱就做好了，盛出晾凉即可。

③将切好的茄子码放在盘子中，蒸锅水烧开后，放入茄子，大火蒸8分钟即可。

④茄子取出晾凉，加入香菜段，淋上酱拌匀即可。

操作要领

茄子蒸的时候要等水开以后再放，否则茄子的营养会被破坏，且影响口感。

营养贴士

茄子中除含有一般蔬菜所共有的营养成分外，还含有丰富的维生素P，是其他蔬菜所不及的。

主料： 香菜150克，拉皮100克，虾皮50克

配料： 红椒50克，食盐3克，鸡精3克，生抽20克，白醋30克

操作步骤

①虾皮放入碗中加入开水，浸泡5分钟，减少其盐分含量并杀菌；香菜洗净，切长段；拉皮切宽条；红椒洗净，切丝。

②将所有主料放入大碗中，加入少许食盐、鸡精、生抽、白醋、红椒丝，搅拌均匀即可。

操作要领

因为此菜含有香菜，可以无须放蒜、葱等调味。

营养贴士

香菜营养丰富，内含维生素C、胡萝卜素、维生素B_1、维生素B_2等，同时还含有丰富的矿物质，如钙、铁、磷、镁等。

视觉享受：★★★　味觉享受：★★★　操作难度：★★

香菜拌虾皮

TIME 15分钟

香辣甘蓝

TIME 10分钟

菜品特点 健胃消食 清爽可口

视觉享受：★★★★
味觉享受：★★★★
操作难度：★

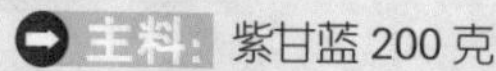

主料： 紫甘蓝 200 克

配料： 食盐 3 克，白醋适量，鸡精 5 克，生抽 10 克，植物油、葱末、姜末、蒜末、红辣椒段、香菜叶各适量，香油少许

操作步骤

①紫甘蓝洗净切成片，焯水过凉，沥干水分，放在容器中，加入食盐、白醋、鸡精、生抽、香油。

②炒锅上火烧热，加少许植物油，下入葱末、姜末、蒜末、红辣椒段爆香，浇到紫甘蓝上，放入香菜叶拌匀即可。

操作要领

注意紫甘蓝不要焯水时间太长，否则会破坏其中的营养物质，也会影响菜品美观。

营养贴士

紫甘蓝含有丰富的维生素 C 和较多的维生素 E 以及 B 族维生素。

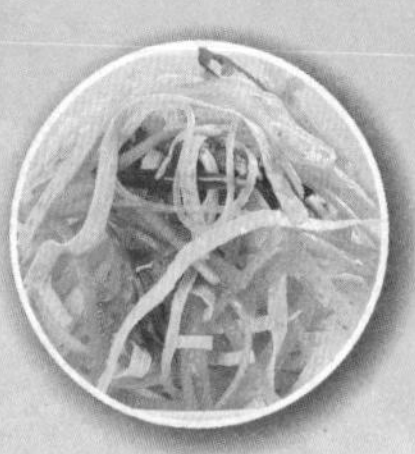

美味豆、粉制品

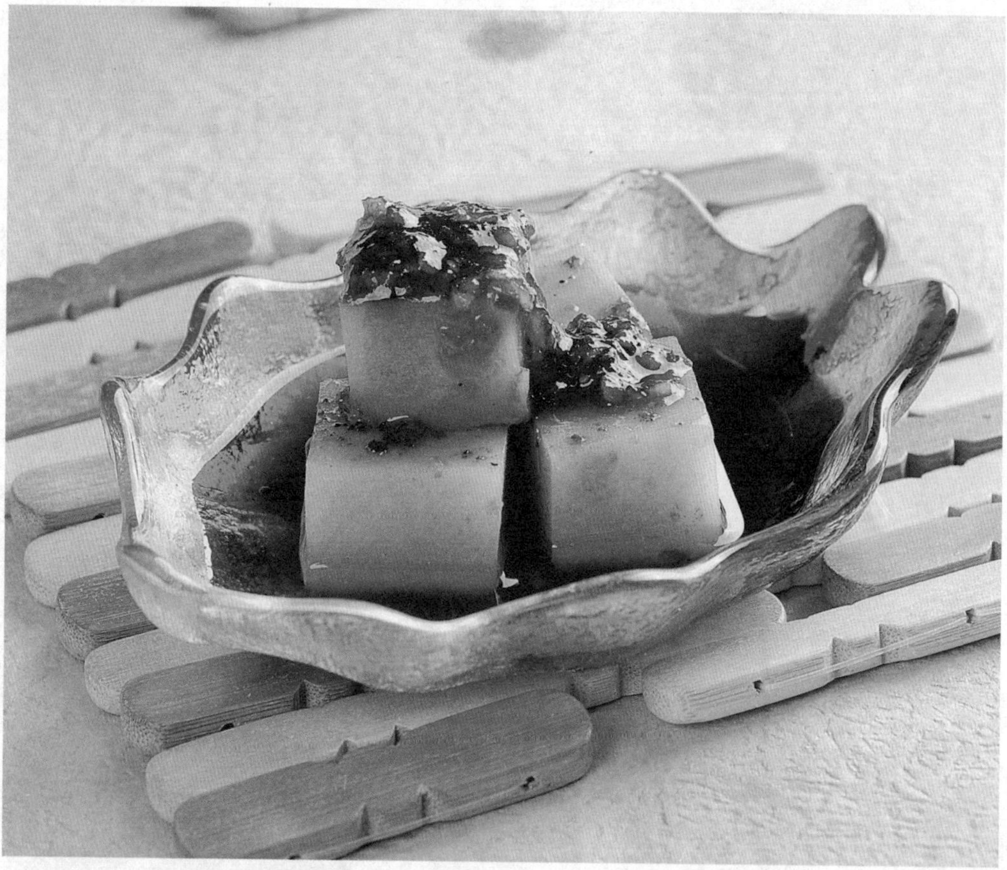

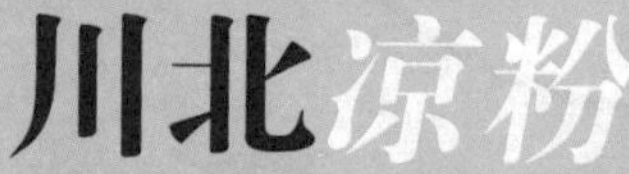

川北凉粉

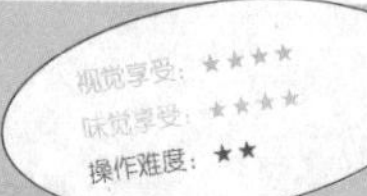

TIME 10分钟

视觉享受：★★★★
味觉享受：★★★★
操作难度：★★

菜品特点
细嫩清爽
香辣味浓

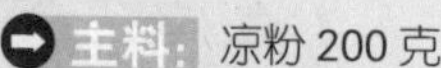

主料： 凉粉 200 克

配料： 黑豆豉 50 克，郫县豆瓣 50 克，菜油 50 克，白糖 10 克，鸡精 3 克，香油 5 克，食盐 5 克，醋 30 克，生抽 20 克，花生碎、蒜泥各少许

操作步骤

①将凉粉洗净，切成中等大小的块，摆放在盘子中；黑豆豉和郫县豆瓣分别剁碎。

②锅烧热放菜油，将郫县豆瓣和黑豆豉放入锅中炒香，加入白糖、鸡精调味，盛出晾凉，随后加入醋、食盐、生抽、香油、蒜泥、花生碎拌匀，作为凉粉调料。

③将做好的调料浇在凉粉上即可食用。

操作要领

在制作时，也可根据个人口味，选择加入青菜、黄瓜或者香菜等，营养更全面。

营养贴士

夏季吃凉粉消暑解渴，冬季吃凉粉多调辣椒又可祛寒。

视觉享受：★★★ 味觉享受：★★★★ 操作难度：★★

酸辣蕨根粉

TIME 10分钟

菜品特点：滑嫩爽口 酸辣鲜香

主料：蕨根粉300克

配料：青、红椒各50克，香醋、食盐、鸡精、蒜末、生抽、辣椒油各适量，香菜段少许

操作步骤

①蕨根粉用开水泡2小时，捞出沥干，晾凉后装盘。

②青、红椒洗净切丝，撒在蕨根粉上。

③用香醋、食盐、鸡精、生抽、蒜末、辣椒油制成调料汁，淋上在蕨根粉上拌匀，撒上香菜段即可。

操作要领

蕨根粉不要泡得太硬或太烂，泡到没硬心即可捞起。

营养贴士

蕨根粉富含钙、铁、锌、磷、硒等微量元素和人体所需的多种氨基酸，具有滑肠通便、清热解毒、消脂降压、防癌、护肝的功效。

主料：细米粉150克，香菇2朵

配料：韭菜1根，豆芽50克，培根1片，白醋15克，葱花、姜丝、蒜末各10克，食盐5克，鸡精3克，胡萝卜、植物油各适量，花椒油少许

操作步骤

①细米粉、香菇用水泡发，米粉焯熟，过凉水，沥干水分，香菇切片；豆芽洗净，去尾；韭菜洗净，切段；胡萝卜、培根切细丝。

②锅中放适量植物油，放葱花、姜丝、蒜末爆出香味，放入培根、胡萝卜、香菇、鸡精、食盐翻炒片刻，放入豆芽、韭菜，轻轻翻炒至熟，盛出晾凉。

③细米粉放入碗中，加入花椒油、白醋、炒熟的菜码，拌匀即可。

操作要领

焯细米粉时，应当在水中加些食盐，以保证成品更入味。

营养贴士

米粉质地柔韧，富有弹性，当主食食用营养价值很高，具有防癌、护肝的功效。

视觉享受：★★★ 味觉享受：★★★ 操作难度：★

香菇拌米粉

TIME 10分钟

菜品特点：香味浓郁 清爽爽口

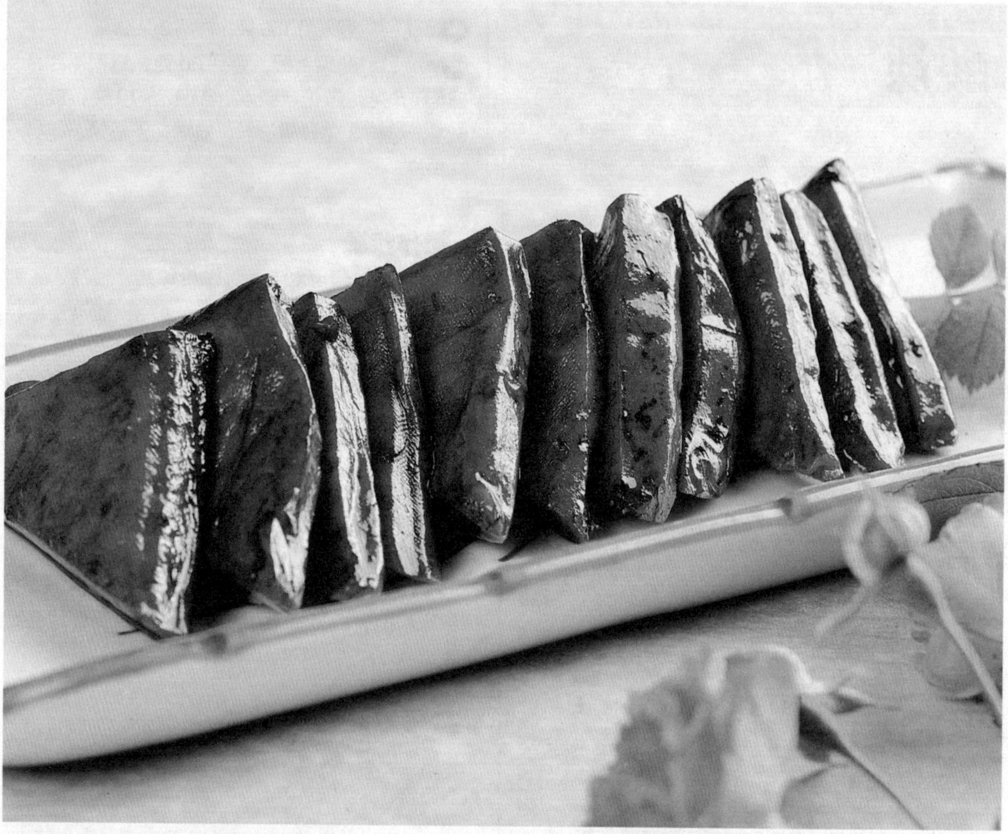

香薰豆腐干

TIME 1.5小时

视觉享受：★★★
味觉享受：★★★
操作难度：★★

菜品特点
休闲零食
香味浓郁

主料： 白豆腐干500克

配料： 酱油30克，葱段、姜片、蒜片各15克，白糖30克，花椒8粒，大料2个，香叶、桂皮各少许，食盐5克，鸡精、植物油各适量

操作步骤

①白豆腐干切成三角形的块。

②锅中放适量植物油，放葱段、姜片、蒜片爆出香味，放入白豆腐干，轻轻翻炒几下，倒入开水，水没过豆腐干。

③加入酱油、桂皮、香叶、大料、花椒、食盐、白糖，搅拌均匀，盖上锅盖以小火炖制。

④ 待汤汁快干时放入适量鸡精出锅，晾凉即可。

操作要领

炖制时，可根据自己的时间需要掌握时间，原则上来讲，时间越久越入味。

营养贴士

豆腐是含蛋白质的食物，经胃肠的消化吸收形成各种氨基酸，是合成头发角蛋白的必需成分。

视觉享受：★★★ 味觉享受：★★★★ 操作难度：★★

枸杞鲜豆皮卷

TIME 45分钟

菜品特点：清香美味

主料： 豆皮500克

配料： 枸杞50克，葱花15克，花椒油10克，白醋25克，食盐5克，鸡精3克，清汤适量

操作步骤

①豆皮对半折页，卷成紧实的卷，以棉线捆扎5道，防止豆皮卷松散；枸杞洗净。

②锅中加入清汤、枸杞、食盐，滚开后加入豆皮，大火焖煮15分钟，再转小火焖煮15分钟，捞出晾凉。

③将晾凉的豆皮卷扯去棉线，切成薄片，淋入以白醋、花椒油、鸡精、葱花、少许食盐调成的味汁，拌匀即可。

操作要领

卷豆皮的时候，一定要紧实，否则后期不容易定型。

营养贴士

枸杞具有滋补肝肾、益精养血、明目消翳、润肺止咳的功效，与豆皮搭配相得益彰。

视觉享受：★★★ 味觉享受：★★★ 操作难度：★

粉丝拌银针

TIME 10分钟

菜品特点：酸爽可口 消暑清热

主料： 绿豆粉丝150克，绿豆芽100克

配料： 青、红椒丝各30克，生抽15克，花椒油10克，香醋10克，食盐5克，鸡精3克

操作步骤

①粉丝用清水泡发，绿豆芽去除头尾，洗净，分别焯水，过凉水，沥干水分。

②取一个小碗，加入所有配料，调匀，主料放入大碗中淋入酱汁，拌匀即可。

操作要领

为了节省时间，粉丝最好提前用清水泡上。

营养贴士

绿豆粉丝中所含蛋白质、磷脂均有兴奋神经、增进食欲的功能，为机体许多重要脏器增加营养所必需。在炎热的夏季，食用这道菜开胃解暑。

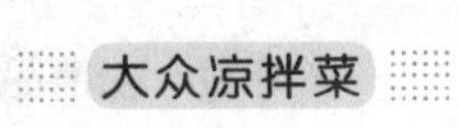

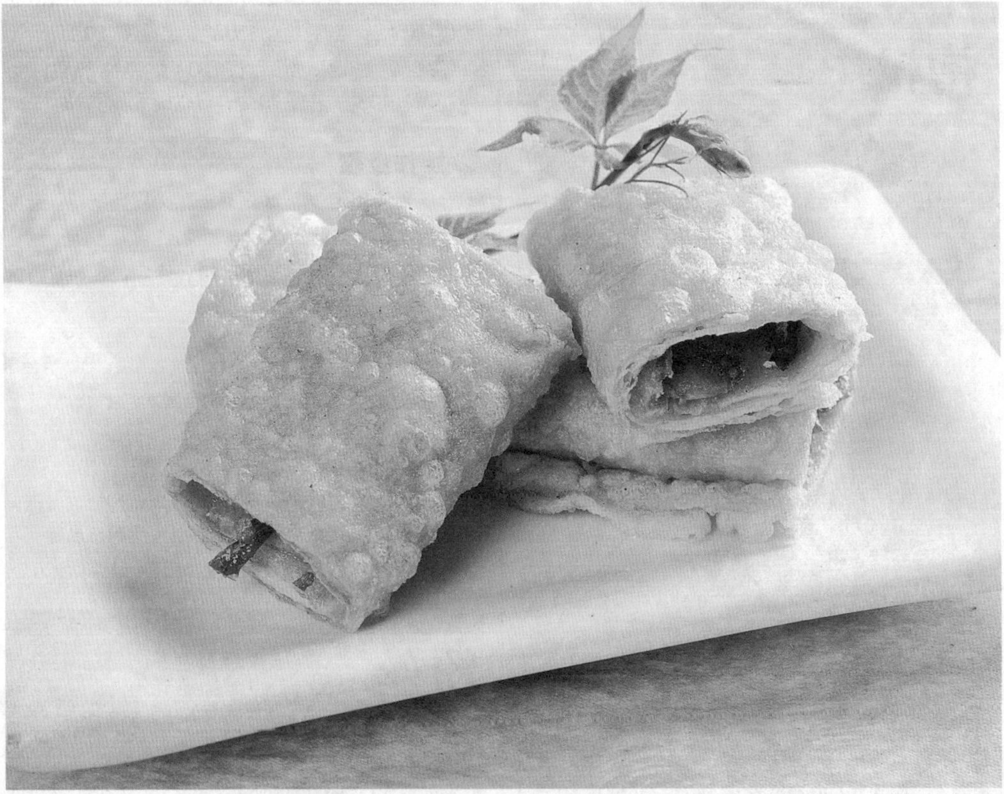

平菇素火腿

TIME 30分钟

视觉享受：★★★
味觉享受：★★★★
操作难度：★★

菜品特点
口味浓香
刺激食欲

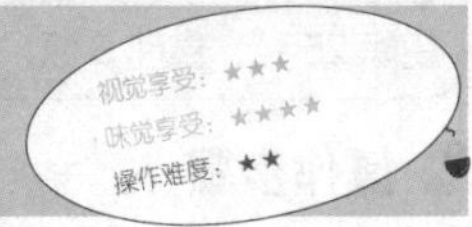

主料： 豆皮3张，平菇150克

配料： 胡萝卜50克，食盐5克，鸡精3克，美极鲜10克，葱花10克，蒜末、姜末各5克，植物油适量，牙签若干

操作步骤

①胡萝卜洗净，切成丝；平菇洗净切成丝。

②锅中放少许植物油，加入葱花、蒜末、姜末爆出香味，放入平菇，翻炒均匀，随即放入食盐、鸡精、美极鲜略翻炒一下，即可盛出晾凉，当作馅料。

③取豆皮一张摊平，在里侧放入馅料，卷起，以牙签穿插入两头封口；重复这一步骤，制作另外两张豆皮。

④锅中放适量植物油，以可以没过豆皮卷为宜，待油六成热时，豆卷入锅炸至金黄色即可捞出，食用时切成段摆盘即可。

操作要领

注意不要炸得太过火，否则不仅菜相不好，还影响口感。

营养贴士

此菜具有调和脾胃、消除胀满、通大肠浊气、清热散血的功效。

视觉享受：★★★ 味觉享受：★★★ 操作难度：★

翡翠豆腐

主料： 卤水豆腐200克，莴苣200克

配料： 剁椒50克，生抽、白醋各25克，蒜末15克，食盐5克，鸡精3克，植物油适量，香油少许

操作步骤

①莴苣茎去皮，连同莴苣叶一起洗干净，莴苣茎切滚刀块，叶切段；卤水豆腐切成1厘米厚度的豆腐片；剁椒剁碎。

②不粘锅烧热，放少许植物油将豆腐煎至两面微黄，盛出晾凉；莴苣茎与叶分别入沸水锅中焯一下，捞出过凉水，沥干水分。

③莴苣、豆腐放入碗中，加入剁椒、食盐、生抽、白醋、香油、鸡精、蒜末，搅拌均匀即可。

操作要领

如果觉得煎豆腐太过油腻，豆腐也可以不用煎，改用水煮。

营养贴士

豆腐性凉，味甘，归脾、胃、大肠经，具有益气宽中、生津润燥、清热解毒、和脾胃的功效。豆腐营养丰富，有“植物肉”之称，其蛋白质可消化率在90%以上。

主料： 粉皮300克

配料： 花生碎30克，芥末粉15克，白醋10克，食盐、鸡精、香油各少许，葱花适量

操作步骤

①粉皮用凉水投凉后，切丝备用。

②芥末粉用开水发好，加花生碎、香油、食盐、鸡精、白醋调匀，点缀葱花即可。

操作要领

如果不喜欢芥末的味道，可改用口味较温和的麻酱调制，口感同样很丰富。

营养贴士

粉皮主要营养成分为碳水化合物，还含有少量蛋白质、维生素及矿物质，具有柔润嫩滑、口感筋道等特点。

视觉享受：★★★ 味觉享受：★★★★ 操作难度：★

芥末拌粉皮

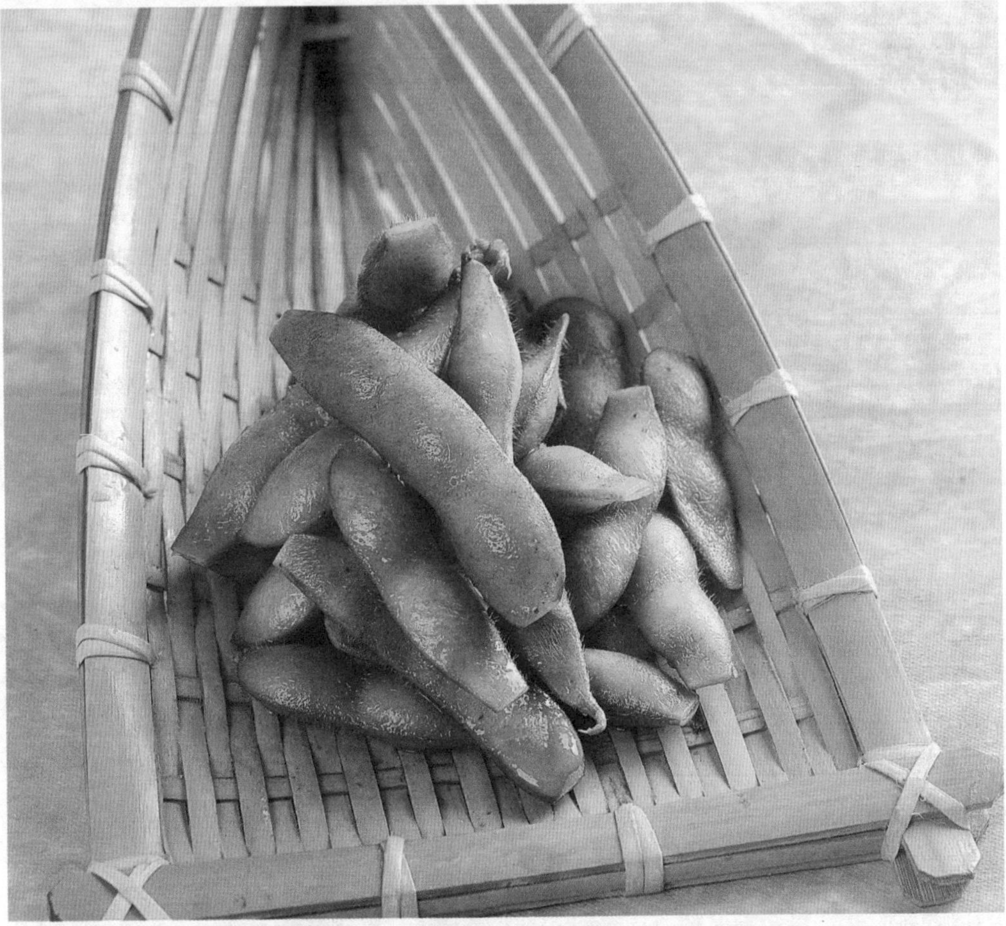

盐水毛豆

TIME 20分钟

视觉享受：★★★
味觉享受：★★★
操作难度：★★

菜品特点
清淡营养

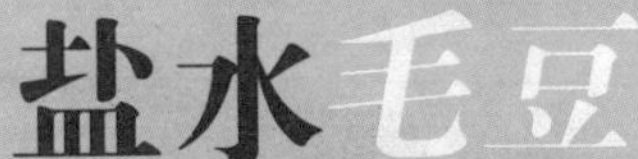

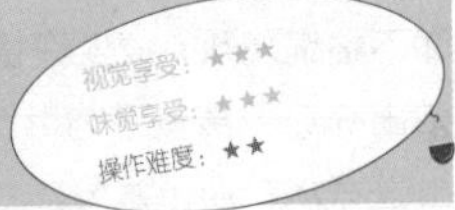

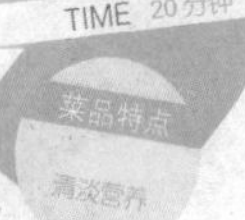

主料： 毛豆500克

配料： 食盐10克，大料2粒，香叶少许，鸡精10克，红辣椒2个

操作步骤

①毛豆洗干净，放入冷水锅中。

②开火后，放入大料、香叶、红辣椒、食盐、鸡精煮15分钟。

③将毛豆捞出过冷水，放入盐水中浸泡30分钟即可食用。

操作要领

将毛豆在盐水中浸泡更能入味。

营养贴士

毛豆有除胃热、通瘀血、解药物之毒的功效。

视觉享受：★★★ 味觉享受：★★★ 操作难度：★

炸花生米

TIME 15分钟

菜品特点：酥脆可口 操作简单

主料： 花生米250克

配料： 色拉油、食盐各适量

操作步骤

①花生米洗净，沥干水分。

②锅烧热，放入洗过的花生米，用小火将花生米残余的水汽烘干。

③向锅内注入少量植物油，以小火不停翻动，待听到花生发出咯咯作响的声音时，再翻炒半分钟，撒些食盐，翻炒均匀即可出锅，晾凉后即可盛盘食用。

操作要领

听到花生发出咯咯作响的声音时，证明其已经有九成熟，只需再翻炒一会儿即可。此外，油炸花生米一定要晾凉再吃，否则没有酥脆的口感。

营养贴士

花生滋养补益，有助于延年益寿，所以民间又称之为“长生果”。

主料： 豆腐渣、莴笋各150克

配料： 青、红椒各30克，生抽、香醋各15克，食盐5克，鸡精3克，香油3克，花椒油少许

操作步骤

①豆腐渣加入食盐拌匀，放入水开的蒸锅中，大火蒸制5分钟，转小火蒸5分钟，出锅晾凉。

②莴笋去皮洗净，切丝，放入沸水锅中，焯水至断生，过凉水后，沥干水分；青、红椒切粒。

③豆腐渣、莴笋丝放入一个大碗中拌匀，淋入以生抽、食盐、香醋、鸡精、香油、花椒油、青椒粒、红椒粒调成的味汁，拌匀即可。

操作要领

可以根据个人口味，选择不同的蔬菜或者肉类搭配豆腐渣。

营养贴士

豆腐渣中的食物纤维能吸附随食物摄入的胆固醇，从而阻止胆固醇的吸收，使血液中胆固醇的含量显著降低。

视觉享受：★★★★ 味觉享受：★★ 操作难度：★

笋丝豆腐渣

TIME 15分钟

菜品特点：口感特别 排除毒素

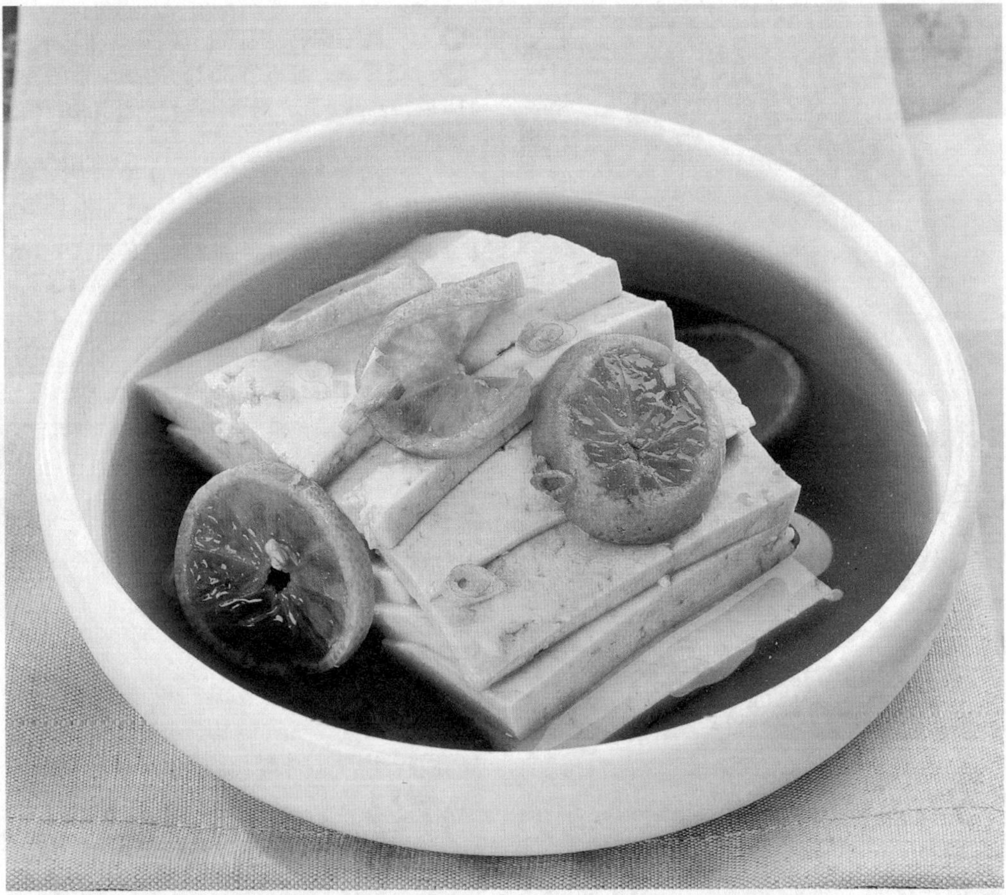

凉拌金橘豆腐

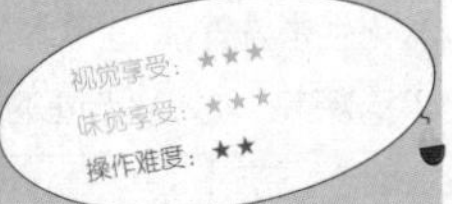

TIME 1小时

视觉享受：★★★
味觉享受：★★★
操作难度：★★

菜品特点
软嫩清香

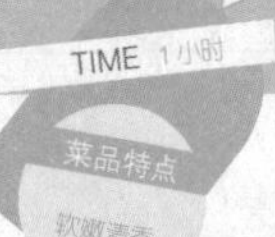

主料： 金橘250克，嫩豆腐200克

配料： 冰糖50克，麦芽糖25克，蜂蜜50克，香醋、姜汁各15克，食盐5克，葱花少许

操作步骤

①金橘洗净切片，放进锅里，加适量清水（以刚没过金橘为宜）、冰糖，煮沸后改小火，冰糖溶化后加麦芽糖，稍煮即可盛出，晾凉后加蜂蜜拌匀。

②嫩豆腐切片，放入盘中，另取一个碗加入5勺糖渍金橘、1/2杯清水、香醋、姜汁、葱花，淋入嫩豆腐中，腌渍片刻入味后即可食用。

操作要领

如果觉得糖渍金橘制作起来太麻烦，可在市场上买现成的，以节省时间。

营养贴士

此菜具有润肤明目、益气和中、生津润燥的功效，适用于心烦口渴、胃脘痞满、目赤、口舌生疮等症。

视觉享受：★★★ 味觉享受：★★★★ 操作难度：★★

百合蚕豆

TIME 10分钟

菜品特点：香糯可口 清热解暑

主料： 嫩蚕豆200克，鲜百合50克，干木耳10克

配料： 红椒30克，醋、生抽各20克，料酒、姜汁各15克，食盐5克，鸡精3克，橄榄油适量

操作步骤

①鲜百合掰开，洗净；嫩蚕豆去皮，取豆瓣洗净；干木耳泡发，洗净后撕成小朵；红椒洗净，切段。

②锅内添清水，水沸后分别将百合、木耳、蚕豆焯熟，捞出投凉，沥干水分。

③主料与红椒放入碗中，食盐、料酒、鸡精、姜汁、橄榄油、醋、生抽放入小碗内调匀，浇入主料碗中拌匀即可。

操作要领

蚕豆含蛋白酶抑制剂和血球凝集素，需要浸泡或焯水后再进行烹调。

营养贴士

蚕豆中的维生素C可以延缓动脉硬化，蚕豆皮中的膳食纤维有降低胆固醇、促进肠蠕动的作用。

主料： 干鱿鱼片、豆腐丝各150克

配料： 黄瓜50克，辣椒油15克，麻油10克，白醋25克，食盐5克，鸡精3克，蒜末适量

操作步骤

①干鱿鱼片清洗干净，趁表面有水在微波炉里烤30秒左右，翻面继续烤30秒，听到发出哔啵的声响即可取出，晾凉。

②将烤好的干鱿鱼片切成丝，豆腐丝切成段，黄瓜切成丝，放入一个大碗中。

③在碗中加入辣椒油、麻油、少许食盐、鸡精、白醋、蒜末，拌匀即可。

操作要领

如果没有微波炉，可将干鱿鱼片放在不粘锅中煎制。

营养贴士

此菜可以补充植物与动物蛋白，营养非常全面。

视觉享受：★★★ 味觉享受：★★★★ 操作难度：★

干鱿拌腐皮

TIME 15分钟

菜品特点：麻辣鲜香

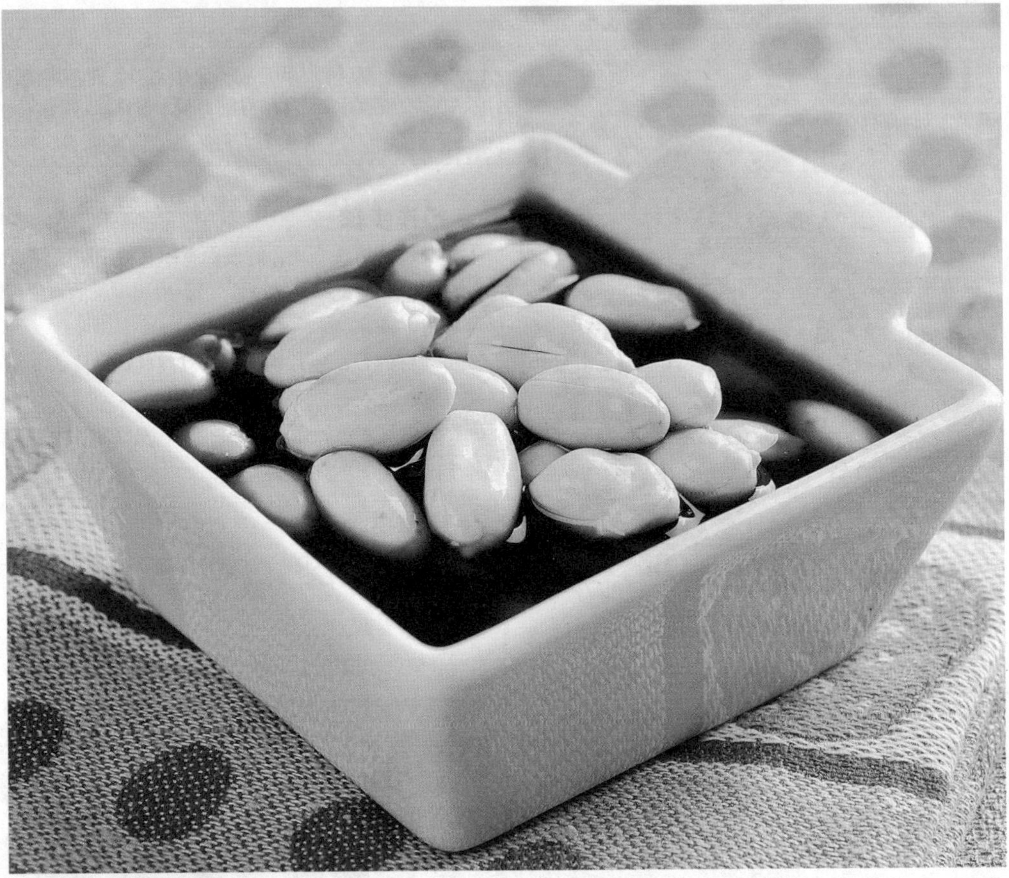

美极腌花生

TIME 1天

菜品特点

爽脆可口

视觉享受：★★★
味觉享受：★★★
操作难度：★

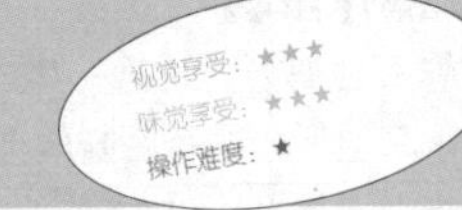

主料： 花生米 200 克

配料： 美极鲜酱油适量，食盐 5 克，白糖 20 克

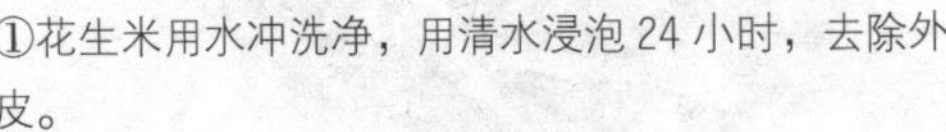

操作步骤

①花生米用水冲洗净，用清水浸泡 24 小时，去除外皮。

②锅中烧水，加入食盐、花生米，煮熟后捞出过凉水，沥干水分。

③将美极鲜、白糖和食盐调成味汁，倒入放冷的花生米中拌匀，腌渍 24 小时即可食用。

操作要领

制作之前，可提前将花生米用清水泡好，以节省时间。

营养贴士

花生营养丰富，其众多营养物质甚至比肉类及蛋奶含量要高，常食具有增强记忆力、健脑和抗衰老的功效。

豆腐酿青椒

主料： 豆腐300克，青椒2个

配料： 食盐5克，鸡精3克，姜末、葱花各适量，胡椒粉少许

操作步骤

①豆腐冲洗干净，沥干水分，放入碗中压碎，加姜末、食盐和鸡精，搅拌均匀。

②青椒洗净，对半切开，去蒂及籽。

③将豆腐馅塞入青椒中，压平，撒上胡椒粉、葱花，上锅蒸10分钟，晾凉即可。

操作要领

蒸制的时间不可过长，否则不仅会造成营养流失，还会影响菜品美观。

营养贴士

豆腐含有丰富的营养物质及多种微量元素，还含有糖类、植物油和丰富的优质蛋白，素有"植物肉"之美称，经常食用可以增加营养、帮助消化、增进食欲。

主料： 米豆腐300克

配料： 皮蛋1个，干木耳5克，郫县豆瓣酱20克，食盐5克，鸡精5克，生抽、醋各20克，菜油、蒜末、辣椒粉、花生碎各适量

操作步骤

①木耳泡发，撕成小朵；米豆腐切成块；皮蛋去皮，切成小块。

②木耳、米豆腐分别入沸水中焯一下，捞出过凉水，沥干水分，与皮蛋一起放入容器中。

③锅中放菜油，烧热后加郫县豆瓣酱、辣椒粉炒出香味，盛出晾凉，放入醋、生抽、食盐、鸡精、蒜末、花生碎搅拌均匀，倒在米豆腐上，拌匀即可。

操作要领

郫县豆瓣酱一定要经过炒制，这样才能将其浓郁的香味挥发出来。

营养贴士

米豆腐含有多种维生素，具有减肥排毒、养颜美容的功效。

川式米豆腐

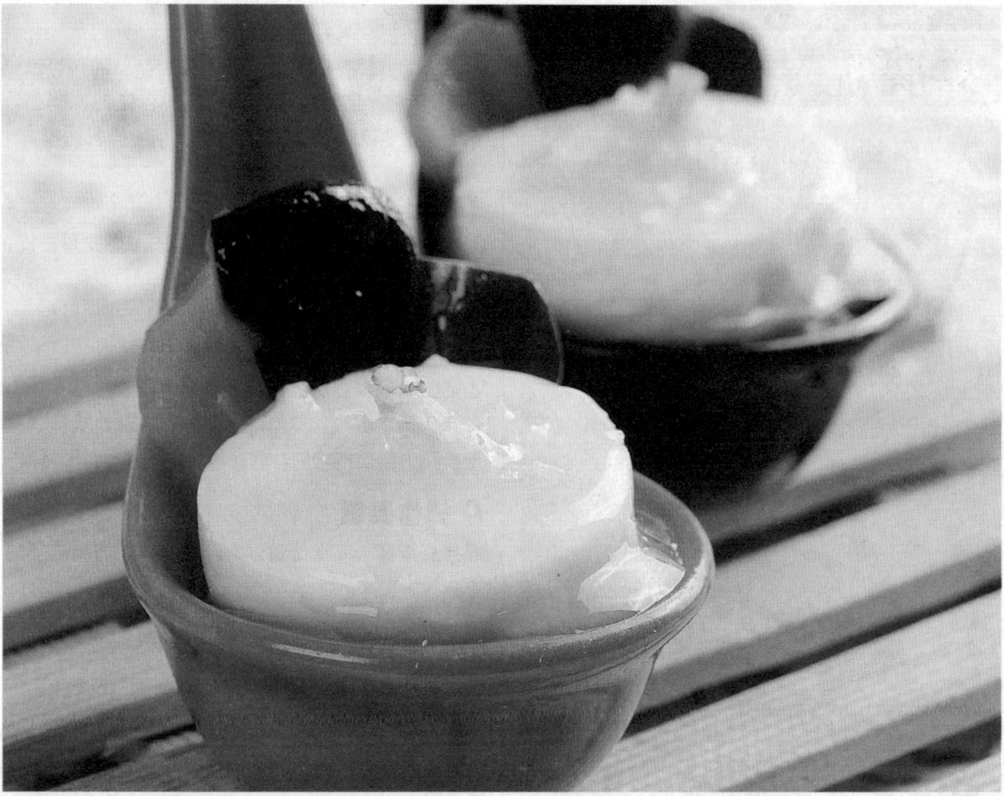

干贝无黄蛋

TIME 45分钟

主料： 鸡蛋2个，干贝3个

配料： 香菇2朵，胡萝卜50克，小油菜1棵，上汤150克，鸡汤50克，鸡油10克，生粉15克，食盐5克，鸡精3克，葱花少许

操作步骤

①鸡蛋洗净擦干，在尖头蛋壳上敲一小孔，将蛋清及蛋黄慢慢倒入碗中，蛋壳保留。

②只取蛋清部分，加入适量上汤、食盐、鸡精调匀，再灌回蛋壳中，小孔用胶布封住。

③蒸锅烧开水，放入鸡蛋蒸熟，取出浸入凉水，剥开蛋壳后对半切开，放入汤匙内。

④干贝用温水泡软，蒸10分钟后撕成细丝；胡萝卜、香菇、小油菜（只取叶）分别切好，焯熟，投凉后沥干水分，摆放在蛋清一侧。

⑤锅中放适量上汤，煮滚后加入干贝、食盐、鸡汤、鸡油，用生粉勾成稀芡，淋到蛋清上，点缀葱花即可。

操作要领

在蒸鸡蛋时，可用熟米饭固定鸡蛋，以防止倾斜。

营养贴士

此菜容易消化，营养全面，适合儿童及老年人食用。

牛肉粒拌豆腐

主料： 嫩豆腐1块，牛肉100克

配料： 剁椒、豆豉酱各15克，美极鲜酱油20克，植物油、食盐、鸡精、蒜末、姜末、葱花、花椒粉、料酒各适量

操作步骤

①嫩豆腐切成薄片，整齐地铺在盘底；牛肉洗净切粒，用食盐、料酒腌渍片刻。

②锅中加入植物油，烧热后下牛肉粒炒熟，盛出晾凉，放入剁细的剁椒、豆豉酱以及剩余的配料调匀，淋在豆腐上即可。

操作要领

剁椒剁细更能发挥其提味的作用，这也是制作本道菜非常关键的步骤。

营养贴士

嫩豆腐的特点是质地细嫩，富有弹性，含水量大，一般含水量为85%~90%。

主料： 荷兰粉250克

配料： 麻酱25克，生抽、香醋各20克，食盐5克，香油、鸡精各3克，花生碎、干辣椒粉、辣椒油各适量

操作步骤

①荷兰粉切成片，盛入碗中；麻酱用适量温开水调稀。

②将所有配料放入麻酱碗内调匀，浇在凉粉上拌匀即可食用。

操作要领

调麻酱时，要分多次加水，每次只加一点，这样调出来麻酱才均匀、细腻。

营养贴士

荷兰粉是湖南的名小吃之一，主要使用蚕豆磨成粉制作成，其特点是通体剔透、白色如玉，因其色香味美大受欢迎而流传至今。

荷兰粉

剁椒红白豆腐

TIME 20分钟

视觉享受：★★★
味觉享受：★★★★
操作难度：★★

菜品特点：制作简单 营养美味

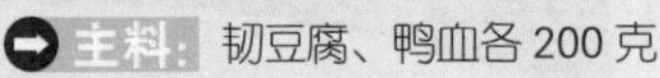

主料： 韧豆腐、鸭血各 200 克

配料： 剁椒 50 克，豆豉酱 15 克，蒜末、姜末各 15 克，料酒、白糖、生抽各 10 克，鸡精 3 克，食盐、香菜各少许

操作步骤

①豆腐、鸭血切片，平行摆放于碟内，放入蒸锅中蒸熟，取出晾凉。

②剁椒剁细，与剩余配料拌匀，平铺于晾凉的豆腐上，腌制片刻，待入味后即可食用。

操作要领

韧豆腐，比较滑，成型性好，但也可用北豆腐。此外，剁椒本身就比较咸，不要再放太多盐。

营养贴士

豆腐是含蛋白质的食物，经胃肠的消化吸收形成各种氨基酸，是合成毛发角蛋白的必需成分。

视觉享受：★★★ 味觉享受：★★★ 操作难度：★★

芝麻拌凉粉

TIME 5分钟

菜品特点：消暑解渴

主料： 绿豆凉粉300克

配料： 黄瓜100克，豆豉酱30克，食盐、醋、辣椒油、蒜末、白芝麻各适量

操作步骤

①绿豆凉粉切成长条泡在水中；黄瓜洗净切成丝，摆入盘中。

②取一小碗，加入食盐、豆豉酱、醋、辣椒油、蒜末、白芝麻搅拌成汁。

③将凉粉捞出和黄瓜丝放入碗中，调好的汁浇在凉粉上即可食用。

操作要领

凉粉切完后要泡在水中，否则会粘连在一起。

营养贴士

绿豆凉粉中含丰富的胰蛋白酶抑制剂，可以减少蛋白分解，从而保护肝脏和肾脏。

主料： 豆腐皮2张，青豆100克

配料： 香油、醋、鸡精各适量，食盐5克，鸡精3克，花椒油10克，蒜、姜各适量

操作步骤

①豆腐皮切成约7厘米长的丝；青豆提前泡涨，洗净后焯熟，过凉水，沥干水分；蒜、姜切成末。

②将豆腐丝、青豆放入大碗中，淋入以食盐、花椒油、鸡精、香油、醋、蒜末、姜末调成的味汁，搅拌均匀即可。

操作要领

如果觉得切豆腐丝费时间，也可选择现成的豆腐丝。

营养贴士

豆腐皮营养丰富，蛋白质、氨基酸含量高，并含有人体所必需的18种微量元素。

视觉享受：★★★ 味觉享受：★★★ 操作难度：★★

青豆拌腐皮

TIME 10分钟

菜品特点：味道清淡 酸爽可口

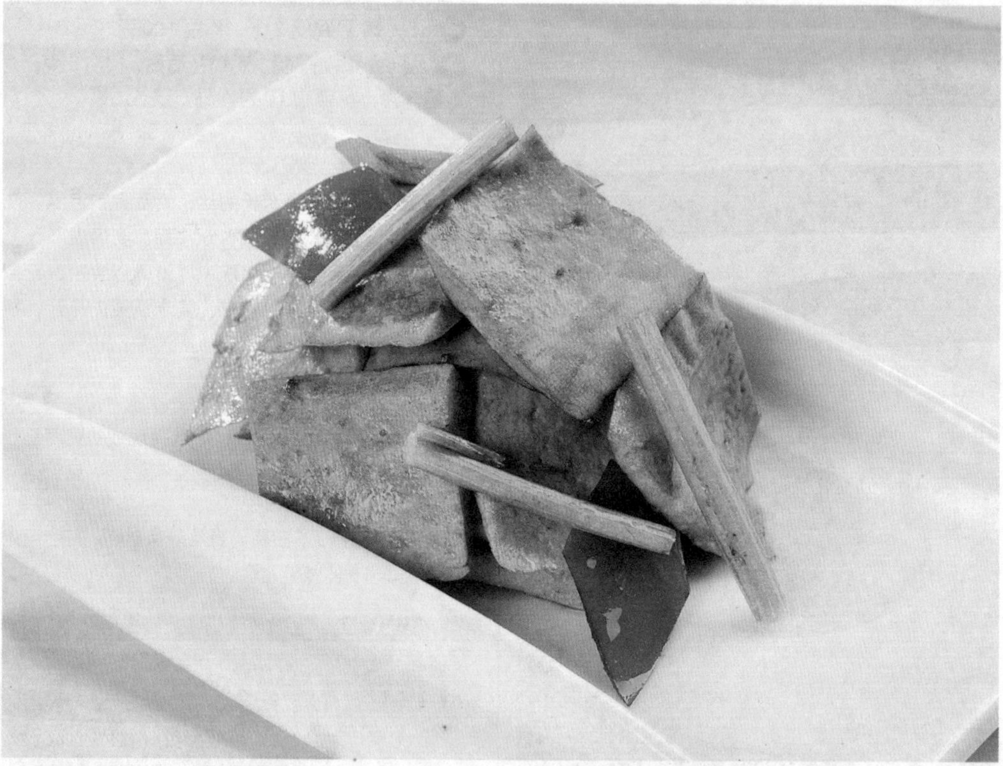

秘制豆干

TIME 1小时

菜品特点 香辣美味

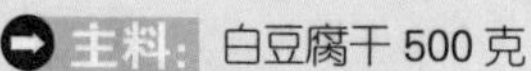

主料： 白豆腐干 500 克

配料： 红椒、香芹各 50 克，料酒、生抽、白糖各 30 克，葱段、蒜片、姜片、干辣椒各 15 克，大料 2 粒，桂皮、香叶、丁香少许，食盐 5 克，鸡精 3 克，植物油适量

操作步骤

①白豆腐干切成 4 厘米左右的方形片；香芹洗净切段；红椒洗净切片。

②平底锅中加少量植物油，将切好的豆腐干煎一下。

③锅中留少许底油，油热后加入葱段、蒜片、姜片、干辣椒、大料、桂皮、香叶、丁香炒出香味，再调入料酒、生抽、白糖、鸡精。

④放入适量清水、煎好的豆腐干，盖上盖，中火焖煮，直至汤汁将要收干时，加入香芹、红椒，略翻炒一下出锅，晾凉后摆盘即可。

操作要领

煎豆腐干的时间长短可根据自己的口味决定，喜欢有嚼劲的就多煎一会儿。

营养贴士

豆腐干既香又鲜，有“素火腿”的美誉。

火腿肠拌粉丝

主料： 粉丝200克，火腿肠100克，土豆100克

配料： 青椒50克，食盐5克，鸡精5克，白醋、生抽、香油各少许

操作步骤

①土豆、青椒洗净切丝，土豆泡入凉水中；火腿肠切丝。

②粉丝、土豆分别入沸水锅中焯熟，捞出过凉水，沥干水分，盛入盘中，加入火腿肠丝、青椒丝。

③将食盐、鸡精、白醋、生抽、香油调成汁，浇在粉丝上，拌匀即可。

操作要领

选购粉丝时要注意，颜色不要太亮，也不要太白，取少量粉丝用打火机烧一下，然后用手捻一下，感觉很酥的表明粉丝的质量较好。

营养贴士

粉丝中含有多种人体需要的营养物质，而且是一种理想的减肥食品。

主料： 油皮、红薯粉丝各100克，胡萝卜150克

配料： 花椒油10克，白醋25克，食盐5克，鸡精3克，干辣椒丝、香菜叶、植物油各适量

操作步骤

①油皮放在凉水中稍微浸泡一下，洗净切丝。

②红薯粉丝泡发，胡萝卜洗净切丝，分别放入沸水锅中焯水至断生，捞出投凉水，沥干水分。

③所有主料放入大碗中，锅中置植物油，中火烧热后加入干辣椒丝炸香，浇到主料中，加入剩余配料拌匀即可。

操作要领

红薯粉丝焯熟后，最好浸泡在凉水中，以防止粘连。

营养贴士

油皮可以补充钙质，防止因缺钙引起的骨质疏松，促进骨骼发育，非常适合小儿童、老人食用。

凉拌三丝

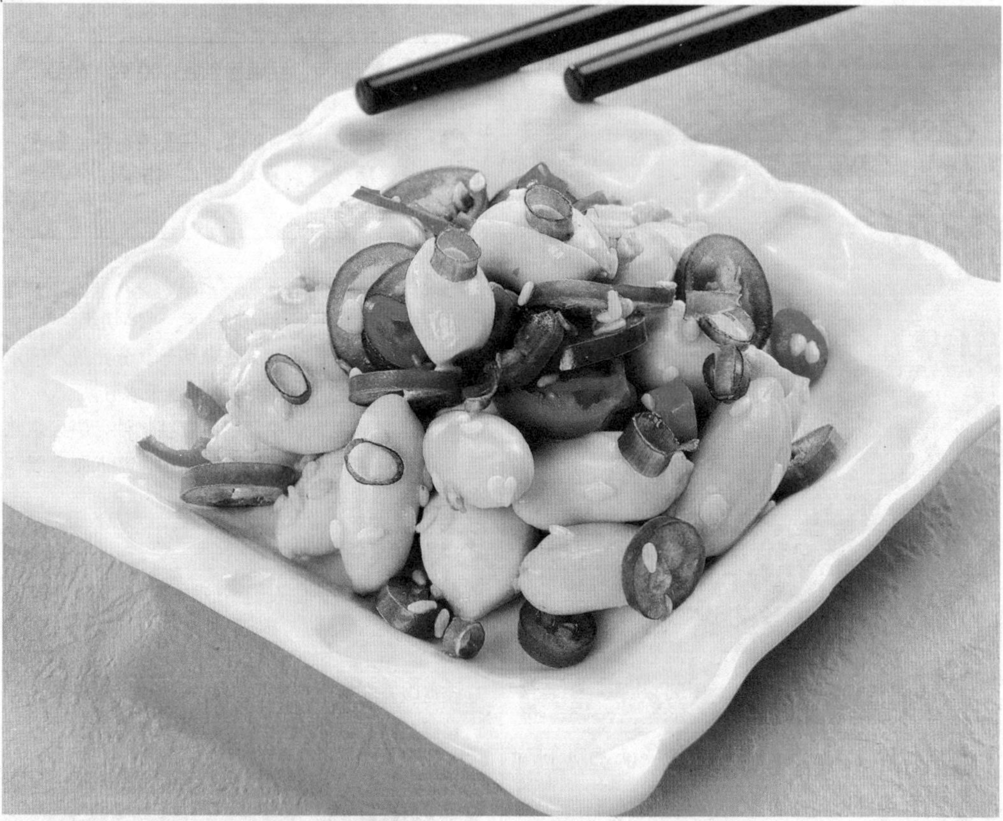

辣椒圈拌花生米

TIME 40分钟

视觉享受：★★★
味觉享受：★★★
操作难度：★★

菜品特点
香辣可口
百吃不腻

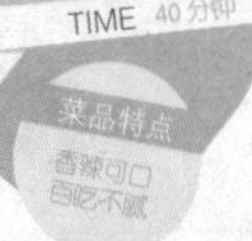

主料： 花生米 300 克，青、红杭椒各 2 个

配料： 白醋 25 克，生抽 15 克，鸡精 5 克，胡椒粉 3 克，食盐、白芝麻各适量，八角、桂皮、香叶、花椒、葱花各少许

操作步骤

①花生米洗净，用清水浸泡 12 小时左右，去除外皮。

②锅中放入适量水、食盐、花生米和花椒、八角、桂皮、香叶，大火煮开，中火煮 20~30 分钟，煮熟后用漏勺将配料拣出，用凉开水冲一下花生米，沥干水分。

③青、红杭椒洗净，切圈，与花生米一起放入碗中，加入白醋、生抽、鸡精、胡椒粉、葱花拌匀，食用时撒些白芝麻即可。

操作要领

用各种香料煮出来的花生米，吃起来别具风味。

营养贴士

花生不仅能提供大量蛋白质、脂肪和热量，而且可降低膳食饱和脂肪和增加不饱和脂肪酸的摄入，改善膳食的结构和品质。

视觉享受：★★ 味觉享受：★★★ 操作难度：★

花生烤麸

TIME 10分钟

菜品特点：香润多汁 美味佳品

主料： 烤麸100克，煮花生仁（去皮，熟）50克

配料： 香醋20克，海鲜酱油15克，白糖10克，食盐5克，鸡精3克，香油少许

操作步骤

①烤麸用温水泡开，挤出水分，洗净，在开水里面焯2分钟，捞出晾凉，挤干水分。

②香醋、海鲜酱油、白糖、食盐、鸡精、香油放入小碗内，调匀。

③主料放入盘中，加入调料汁调匀即可。

操作要领

清洗烤麸时，要反复浸水，挤水，这样里面才能冲洗干净。

营养贴士

烤麸是介于豆类和动物性食物之间的一种高蛋白质、低脂肪的健康食物。

视觉享受：★★★★ 味觉享受：★★★ 操作难度：★

凉拌腐竹

TIME 10分钟

菜品特点：甜酸可口

主料： 腐竹200克，黄瓜100克

配料： 生抽15克，香醋10克，食盐5克，鸡精2克，白糖3克，香油少许

操作步骤

①黄瓜洗净，切成滚刀块；腐竹泡发后，焯水，过凉，沥干水分。

②腐竹、黄瓜放入碗中，加入食盐、鸡精、生抽、香醋、白糖、香油，拌匀即可。

操作要领

腐竹须用凉水泡发，可使腐竹整洁雅观，如用热水泡，则腐竹易碎。

营养贴士

腐竹含有多种矿物，可补充钙质，防止因缺钙导致的骨质疏松，增进骨骼发育。其含有的卵磷脂可除掉附在血管壁上的胆固醇，防止血管硬化，预防心血管疾病，保护心脏。

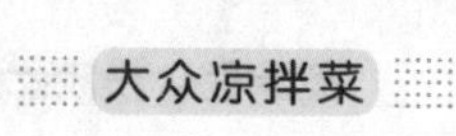

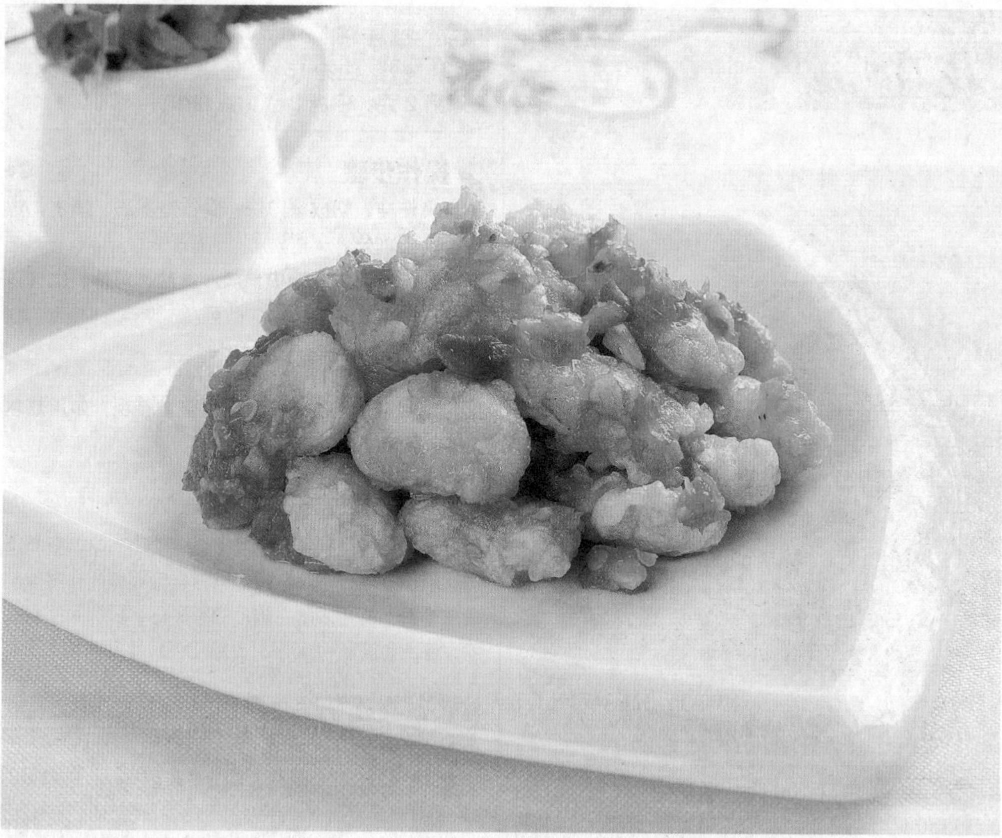

剁椒雪豆

TIME 20分钟

视觉享受：★★★
味觉享受：★★★
操作难度：★★

菜品特点
口感酥脆
促进消化

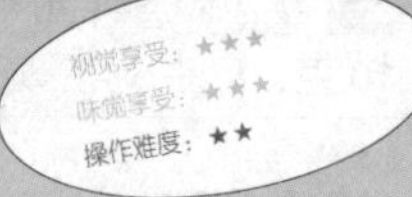

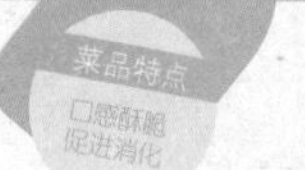

主料： 雪豆300克

配料： 生粉150克，葱花、姜末、蒜末各15克，剁椒50克，食盐5克，鸡精3克，植物油适量

操作步骤

①雪豆洗净，提前用凉水泡至饱满，放入沸水锅中焯熟，沥干水分。

②生粉以1.5∶1的比例加入清水，再加入少量食盐，调成糊，将雪豆均匀地挂上面糊，下入六成热的油锅中炸至金黄色，捞出控油，晾凉。

③锅中留少许底油，加入葱花、姜末、蒜末爆香，加入剁细的剁椒、食盐、鸡精，炒出香味后盛出，与炸好的雪豆拌匀即可。

操作要领

炸制一遍雪豆是为了吃起来口感更酥脆。

营养贴士

雪豆营养丰富，蛋白质、钙、铁、B族维生素等含量都很高。常食雪豆可加速肌肤新陈代谢。

视觉享受：★★★ 味觉享受：★★★ 操作难度：★

粉丝清拌黄瓜

TIME 10分钟

主料： 绿豆粉丝150克，绿豆芽、黄瓜各100克

配料： 清汤适量，白醋10克，食盐5克，鸡精3克，植物油少许

操作步骤

①粉丝用清水泡发；绿豆芽去除头尾，洗净；黄瓜洗净，切丝。

②锅中加适量清汤、食盐、鸡精，煮滚后淋入少许植物油，下入绿豆粉丝、绿豆芽煮熟，盛出晾凉，食用时配以黄瓜丝摆盘，淋入白醋拌匀即可。

操作要领

煮绿豆粉丝时放入少许植物油，可以防止后期粉丝粘连。

营养贴士

粉丝有良好的附味性，各种鲜美汤料的味道都可被其吸收，再加上粉丝本身的柔润嫩滑，更加爽口宜人，非常适合凉拌。

视觉享受：★★★ 味觉享受：★★★★ 操作难度：★★★

花生仁拌黄瓜

TIME 10分钟

主料： 花生仁150克，黄瓜100克，油条30克

配料： 白醋15克，花椒油、生抽各10克，食盐5克，鸡精3克，香油少许

操作步骤

①泡涨的花生仁放到锅中，加入适量盐煮熟，捞出晾凉；黄瓜洗净切丁；油条切小块。

②黄瓜丁、油条块、花生放入盘中，加入适量的食盐、鸡精、白醋、香油、花椒油，拌匀即可。

操作要领

花生仁的红衣营养丰富，最好不要去掉。

营养贴士

花生的营养价值比粮食高，可以与鸡蛋、牛奶、肉类等一些动物性食物媲美。

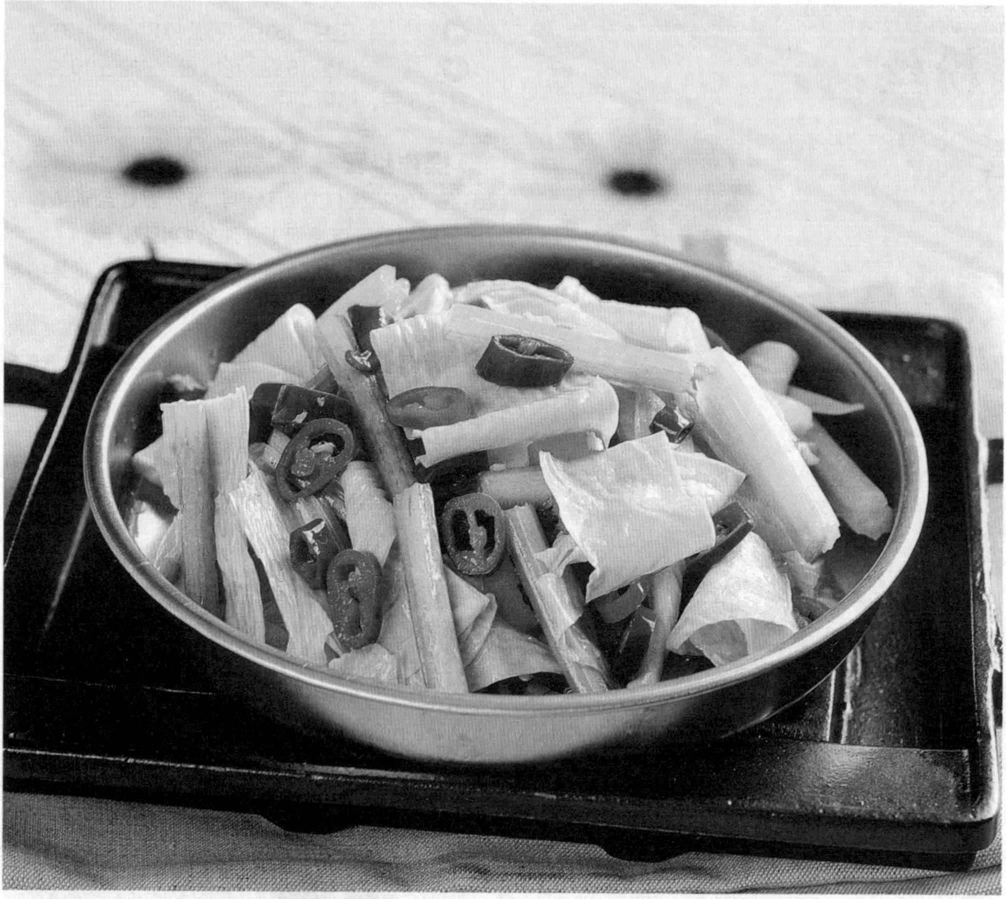

井冈山油豆皮

TIME 10分钟

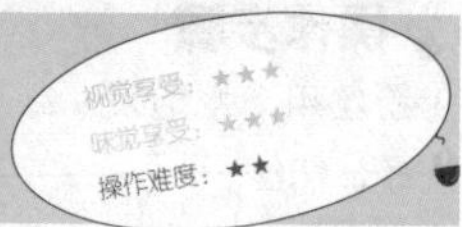

菜品特点：清爽可口 营养丰富

视觉享受：★★★
味觉享受：★★★
操作难度：★★

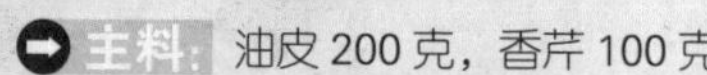

主料： 油皮200克，香芹100克

配料： 红椒50克，食盐5克，白糖10克，白醋、生抽、辣椒油、植物油各适量

操作步骤

①油皮放在凉水中稍微浸泡一下，洗净切片；红椒洗净，切圈；香芹洗净，切段。

②油皮、香芹分别入沸水锅中，焯一下，捞出过凉水，沥干水分，放入容器中，加入食盐、白糖、白醋、生抽、辣椒油。

③锅中加入适量植物油，油热后放入红椒炒出香味，连油浇到油皮中，拌匀即可。

操作要领

油皮要用凉水浸泡，不可用热水。

营养贴士

油皮含有丰富的优质蛋白、大量卵磷脂及多种矿物质。

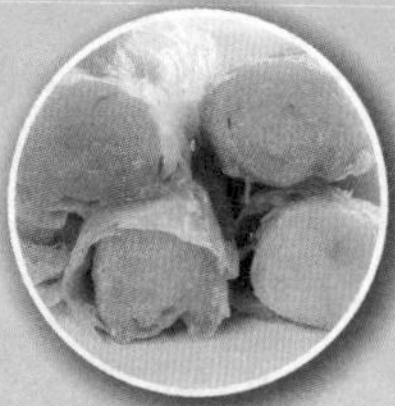

可口禽蛋

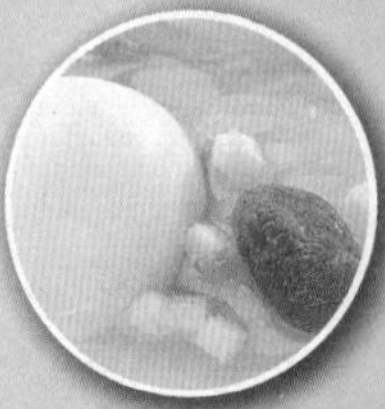

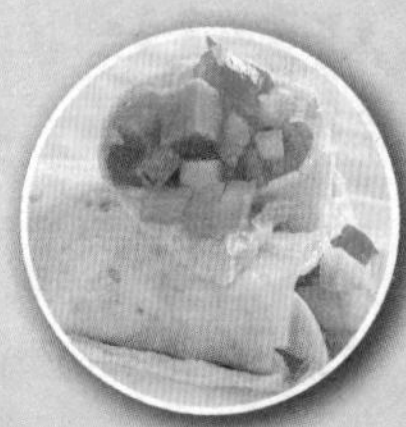

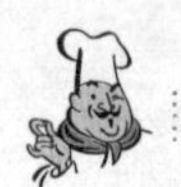

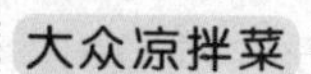

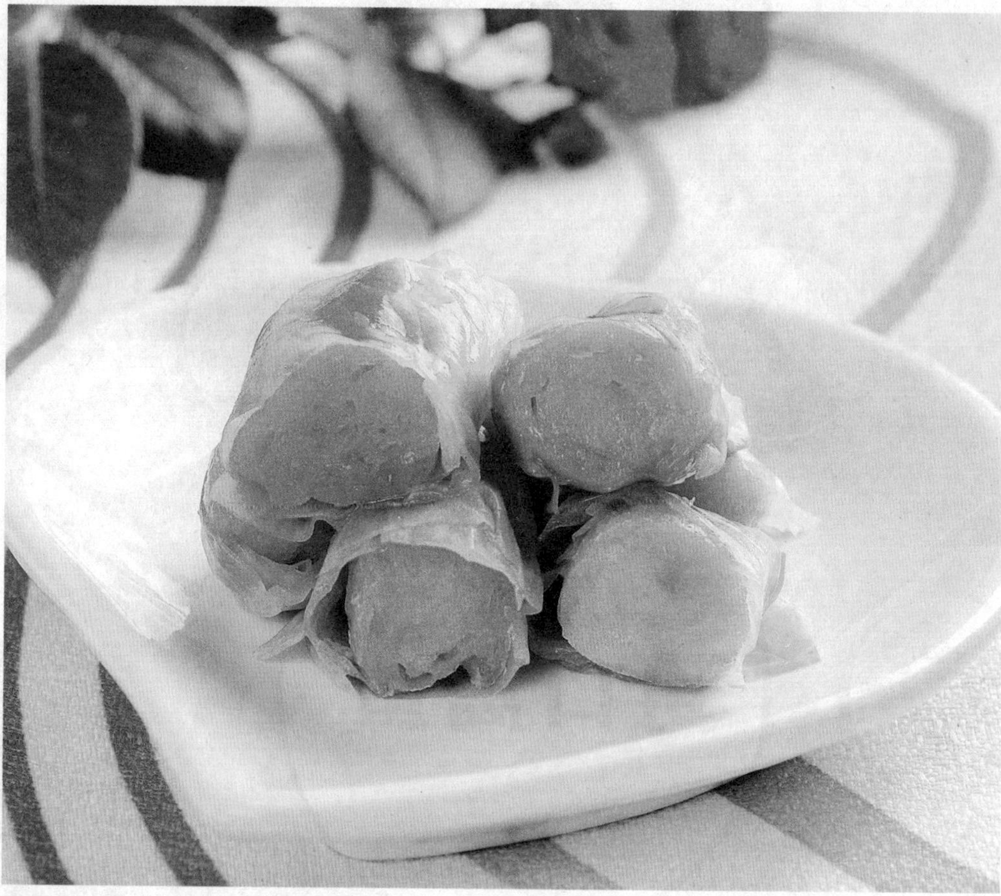

蛋黄菜卷

TIME 15分钟

视觉享受：★★★
味觉享受：★★★
操作难度：★★

菜品特点：口感绵密 清爽美味

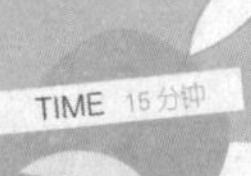

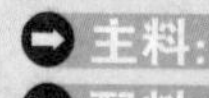

主料： 圆白菜叶3张，咸鸭蛋黄6个

配料： 食盐少许

操作步骤

①圆白菜放入加少许食盐的开水中焖2分钟，取出投凉，沥干水分。

②圆白菜略修整成方形，每张中卷入2个鸭蛋黄，略压扁。

③卷好的菜卷放入盘中，入蒸锅蒸3分钟，取出晾凉，食用时切段摆盘即可。

操作要领

咸鸭蛋黄本身就是咸的，所以在焖菜叶时一定要少放盐。

营养贴士

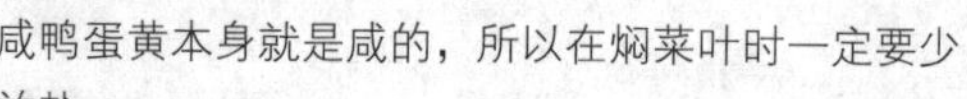

咸蛋黄富含卵磷脂与不饱和脂肪酸、氨基酸等人体所需的重要营养元素，配以蔬菜食用，膳食搭配非常合理。

视觉享受：★★★ 味觉享受：★★★★ 操作难度：★★★

皮蛋拌辣椒

TIME 10分钟

主料： 皮蛋150克，青椒20克，红椒20克

配料： 白糖3克，食盐5克，醋、味极鲜各适量，花椒油、香油各少许

操作步骤

①皮蛋剥壳，切成小块，青、红椒切成粒，将皮蛋、青红椒粒放入盘中。

②将味极鲜、白糖、食盐、醋、花椒油、香油倒入碗中调成汁，浇在皮蛋上拌匀即可。

操作要领

皮蛋的壳很薄，在剥皮的时候一定要小心，否则就会剥碎。

营养贴士

皮蛋富含铁质、甲硫氨酸（必需氨基酸）、维生素E。

主料： 松花蛋2个，豆腐1块

配料： 海米60克，茼蒿50克，干辣椒圈10克，姜汁、香醋、食盐、鸡精、植物油各适量

操作步骤

①海米用温水洗净，提前用沸水浸泡1小时，沥干水分；松花蛋去壳，切成小瓣，豆腐切成块，整齐地摆到盘子里。

②茼蒿洗净放入开水中焖一会儿，取出投凉，沥干水分，切成小段，码放在豆腐上。

③锅中放少许植物油，加入干辣椒圈、海米炒出香味，盛出连油浇到豆腐上，再淋入以姜汁、香醋、鸡精、食盐调成的汁即可。

操作要领

虽然松花蛋中的营养物质比较多，但要注意买无铅松花蛋，避免铅中毒。

营养贴士

松花蛋具有保护血管的作用，同时还具有提高智商的功效。

视觉享受：★★★ 味觉享受：★★★ 操作难度：★

海味松花拌豆腐

TIME 10分钟

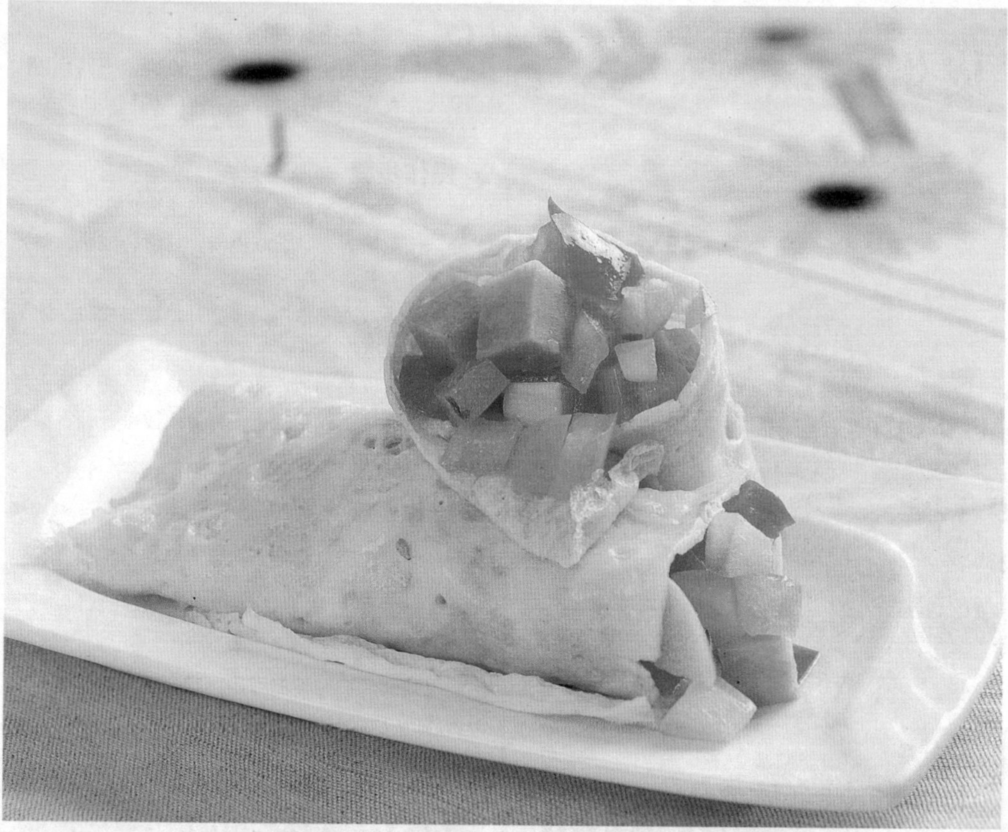

美式蛋卷

TIME 20分钟

菜品特点：美味可口

视觉享受：★★★★
味觉享受：★★★
操作难度：★★

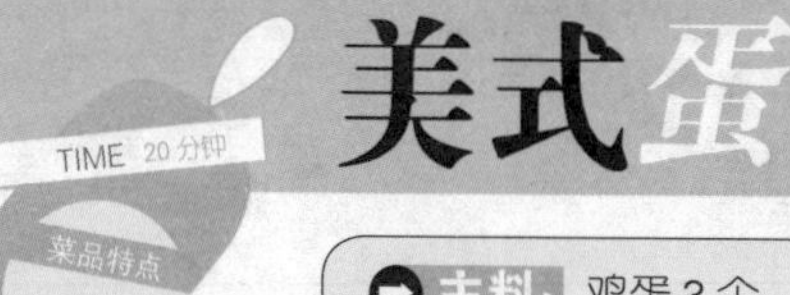

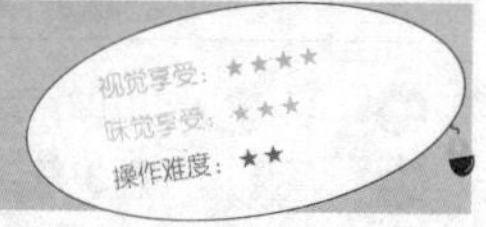

主料： 鸡蛋3个，胡萝卜100克，火腿100克

配料： 洋葱、青彩椒、红彩椒、黄彩椒各30克，黄油适量，食盐5克，鸡精3克，黑胡椒粉少许

操作步骤

①鸡蛋磕入碗中，加入食盐、鸡精打散，放入方形不粘锅中煎成两张蛋皮，晾凉备用。

②胡萝卜、洋葱、彩椒分别洗净，切成丁；火腿切成大致相当的丁。

③黄油入锅化开，依次倒入洋葱、胡萝卜，翻炒至八成熟时放入彩椒、火腿、食盐、黑胡椒粉，翻炒均匀盛出。

④鸡蛋饼摊开，在中间放入馅料卷好，放入盘内，入蒸锅中蒸5分钟，取出晾凉即可。

操作要领

可在蛋液中加入少许的玉米淀粉，这样更容易摊制。

营养贴士

以鸡蛋代替面粉制作蛋卷，可以增加营养，适合长身体的青少年当作早餐食用。

冬瓜鸡蛋

主料： 鸡蛋1个，冬瓜200克

配料： 枸杞、料酒、胡椒粉、鸡精、食盐、姜末、高汤各适量

操作步骤

①鸡蛋放入锅中，加适量清水，煮熟过凉水，剥去蛋皮待用；冬瓜去皮，洗净切片。

②锅烧热，下枸杞、高汤、姜末、料酒、胡椒粉、食盐烧开，放入冬瓜煮15分钟，加鸡精，拌匀后盛出，放入鸡蛋自然晾凉即可。

操作要领

煮鸡蛋时，放入的水量以刚没过鸡蛋为准。

营养贴士

有很多人喜欢在吃完鸡蛋后用茶水解腻，但应注意吃完鸡蛋后喝茶会有害健康。

主料： 香椿罐头80克，松花蛋2个，嫩豆腐150克

配料： 味极鲜、白醋、香油、花椒油各适量，姜汁15克，食盐5克，鸡精3克

操作步骤

①松花蛋剥皮切成小块；香椿切碎；豆腐切成小块。

②取一个小碗，放入味极鲜、白醋、香油、姜汁、花椒油、鸡精、食盐调成汁。

③松花蛋、豆腐、香椿放入盘内，淋入味汁拌匀即可。

操作要领

此菜中加入姜汁，可去除一部分松花蛋的土腥气。

营养贴士

此菜营养丰富，富含人体所需的多种营养成分，如豆腐不仅含有丰富的蛋白质还有人体必需的氨基酸。

香椿拌松花豆腐

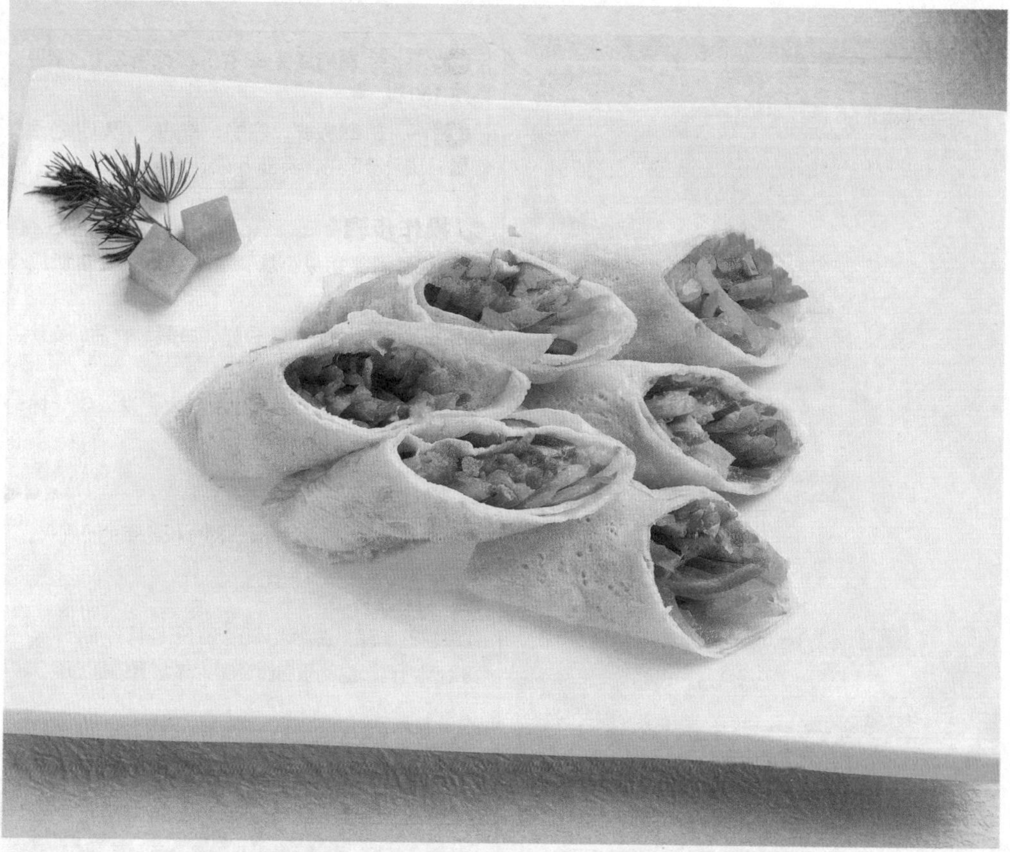

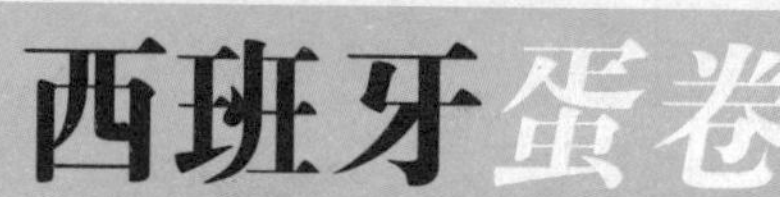

西班牙蛋卷

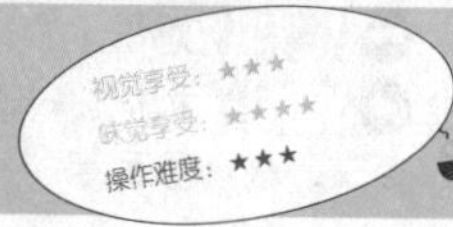

TIME 20分钟

视觉享受：★★★
味觉享受：★★★★
操作难度：★★★

菜品特点
鲜香味美

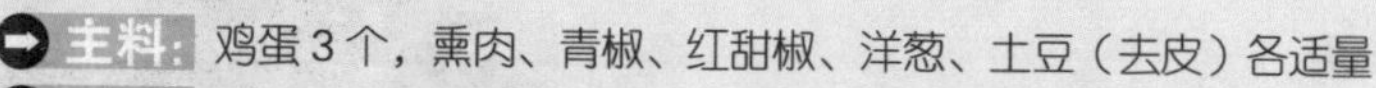

主料： 鸡蛋3个，熏肉、青椒、红甜椒、洋葱、土豆（去皮）各适量

配料： 鲜奶油20克，黄油30克，食盐、胡椒粉各适量

操作步骤

①所有食材洗净，改刀切成丝；鸡蛋、鲜奶油、食盐和胡椒拌匀。

②不粘锅中放入黄油，先炒熏肉丝，再放入青椒、红甜椒、洋葱、土豆丝一起拌炒，调入食盐、胡椒粉，炒熟盛出。

③刷净锅，放入1/3蛋液，用筷子轻轻搅拌至半熟状态，再加入炒好的馅料卷成卷，熟后盛出，依次制作剩余的蛋卷 。

④煎好的蛋卷晾凉，斜切段，摆盘即可。

操作要领

除了用黄油炒制馅料外，还可换成橄榄油。

营养贴士

每百克鸡蛋含脂肪11~15克，主要集中在蛋黄里，极易被人体消化吸收。

视觉享受：★★★ 味觉享受：★★★ 操作难度：★

槐花鸡蛋饼

TIME 15分钟

菜品特点：香气宜人 口感软糯

主料： 槐花200克，面粉100克，鸡蛋3个

配料： 食盐5克，鸡精3克，葱花、姜末、植物油、虾仁各适量

操作步骤

①槐花洗净，控干水分；虾仁洗净，切成小块。

②槐花、虾仁放入碗中，加入面粉、鸡蛋、葱花、姜末、鸡精、食盐搅拌均匀。

③锅内倒入适量植物油，锅热后下入面糊摊平，两面煎至金黄捞出，晾凉后切成小块，摆盘即可。

操作要领

面粉量不要太多，只用鸡蛋液调匀即可，不需要放水。

营养贴士

槐花能增强毛细血管的抵抗力，减少血管通透性，可使脆性血管恢复弹性，从而降血脂和防止血管硬化。

主料： 蛋皮50克，菠菜200克

配料： 白糖、香油、生抽、葱丝各少许，鸡精5克，老陈醋、油各适量，食盐5克

操作步骤

①将食盐、白糖、生抽、鸡精、老陈醋倒入碗中搅匀做成酱汁。

②洗好的菠菜放入开水中焯一下，捞出，投凉，控干水分。

③蛋皮切丝与切段的菠菜一起装入盘中。

④将酱汁倒入盘中，撒入葱丝、香油，拌匀即可。

操作要领

鸡蛋打散，放入不粘锅中摊薄，即可得蛋皮。

营养贴士

菠菜含有丰富的维生素A、维生素C及矿物质，具有理气补血、防病抗衰等功效。

视觉享受：★★★★ 味觉享受：★★★★ 操作难度：★★★

蛋丝拌菠菜

TIME 13分钟

菜品特点：清爽美味

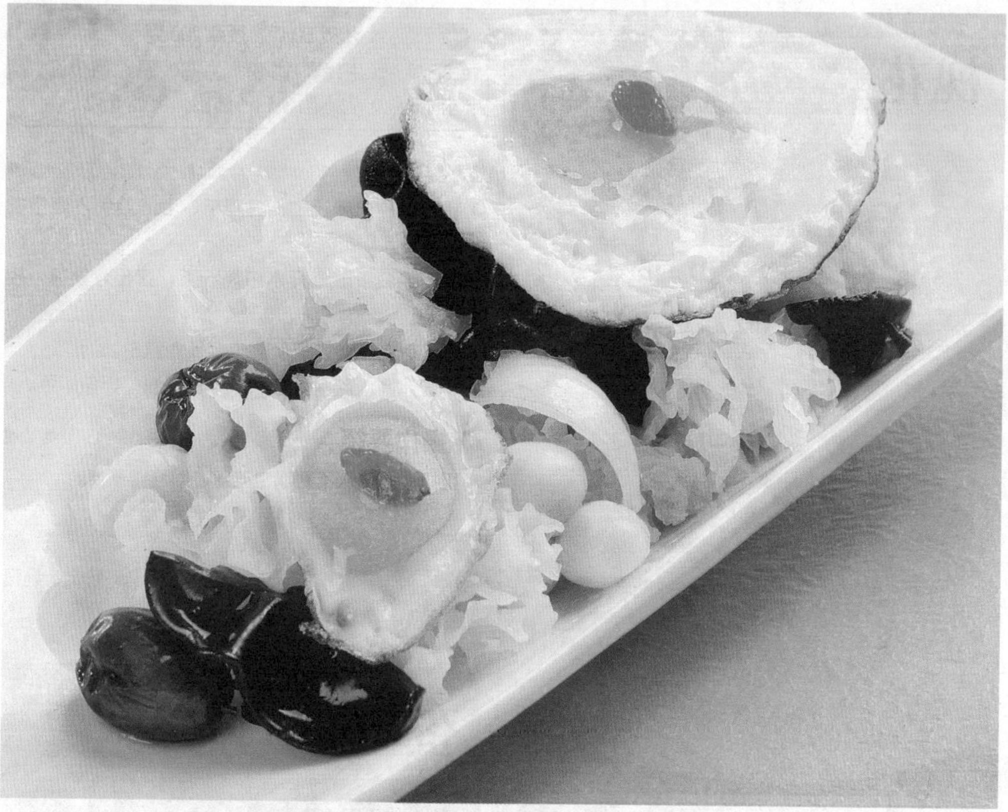

百果双蛋

TIME 40分钟

视觉享受：★★★★
味觉享受：★★★★
操作难度：★★

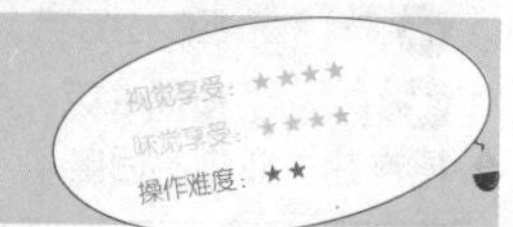

菜品特点
鲜美爽口
开胃生津

主料： 鸡蛋2个，干银耳、木耳各15克

配料： 去皮白果10颗，红枣5个，鲜百合10克，蜂蜜15克，果醋50克，枸杞少许

操作步骤

①银耳、木耳以温水泡发，撕成小朵；鸡蛋放入不粘锅中，慢火单面煎成“溏心”蛋，盛出晾凉备用。

②锅中放入适量水，加入百合、白果、红枣、银耳、木耳、枸杞煮开，调入少许白糖，再以小火煮5分钟，关火，自然晾凉。

③蜂蜜、果醋加少许清水，调成酸甜汁，放入冰箱中冷藏30分钟，将所有食材捞出放入盘中，摆盘，食用时淋入酸甜汁即可。

操作要领

制作本菜时，还可以加入其他自己喜欢的甜品。

营养贴士

根据营养学家介绍，鸡蛋在人体内消化的时间与煮沸时间有很大关系，其中“3分钟鸡蛋”是微熟鸡蛋，消化起来最容易，随着时间延长，消化将越来越难。

视觉享受：★★★ 味觉享受：★★★★ 操作难度：★★

双耳蛋皮

TIME 30分钟

菜品特点：鲜美可口 营养全面

主料： 干木耳、银耳各30克，鸡蛋2个

配料： 猪肉馅50克，食盐5克，玉米淀粉、葱末、姜末、蒜末各适量，胡椒粉、料酒、香油各少许

操作步骤

①木耳、银耳泡发，洗净后撕成小朵，焯熟，晾凉。

②鸡蛋打散，加入少许玉米淀粉，放入不粘锅中摊成2张蛋皮。

③肉馅、木耳、银耳放入碗中，加入剩余调料拌匀。

④拌好的馅，均匀平铺在蛋皮上面，卷好后，移到蒸锅中，大火蒸15分钟，取出晾凉，切段摆盘即可。

操作要领

鸡蛋液中放入玉米淀粉，可以增加蛋皮的韧性。

营养贴士

食用银耳可以清肺，食用木耳具有养颜美容的功效。

主料： 鸡蛋1个，韭菜200克

配料： 醋、生抽各15克，食盐5克，香油3克，青、红椒各少许

操作步骤

①鸡蛋磕入碗中，打散，在不粘锅中摊成蛋皮，晾凉后切丝；青、红椒切丝。

②韭菜洗净，切段，焯水，过凉，放入盘中。

③将蛋皮丝、青椒丝、红椒丝放在韭菜段上面，加入食盐、香油、醋、生抽拌匀即可。

操作要领

要以中小火摊蛋皮，不粘锅中可不放油。

营养贴士

韭菜中含有植物性芳香挥发油，具有增进食欲的作用。

视觉享受：★★ 味觉享受：★★★ 操作难度：★★

韭香蛋皮

TIME 10分钟

菜品特点：清爽可口

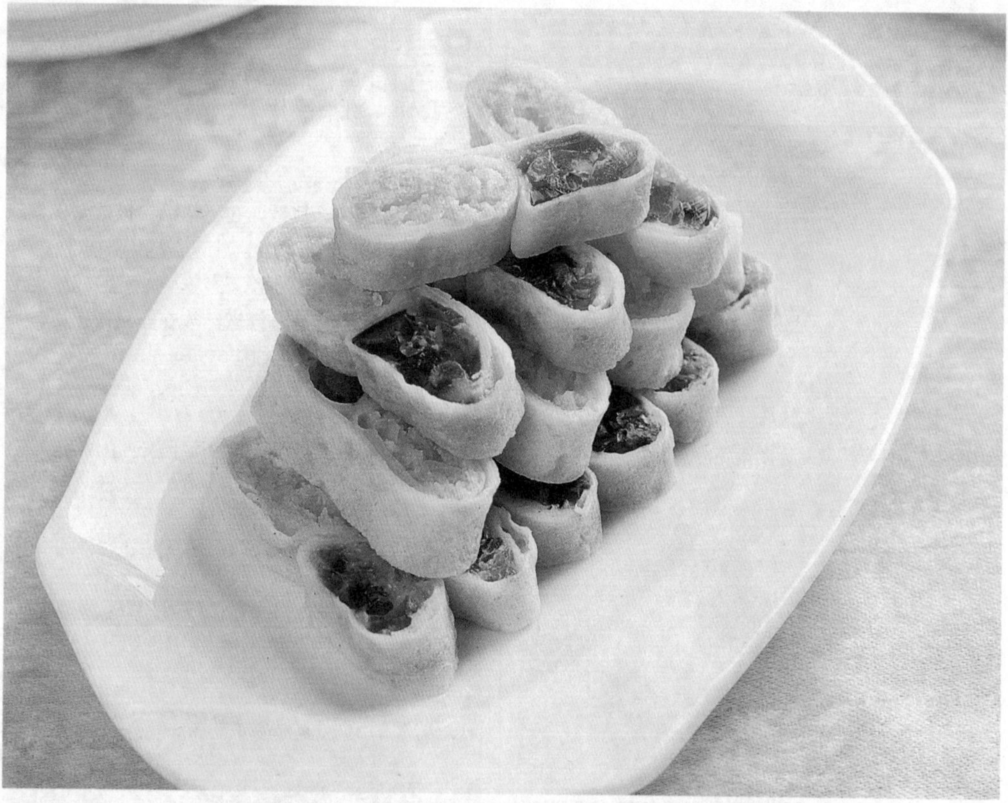

双黄蛋皮

TIME 20分钟

视觉享受：★★★★
味觉享受：★★★★
操作难度：★★

菜品特点
细腻爽润
味醇香浓

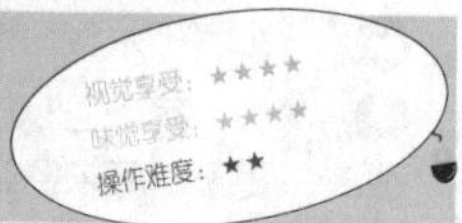

主料：鸡蛋2个，咸鸭蛋4个，松花蛋3个
配料：姜汁10克，食盐3克，鸡精3克

操作步骤

①鸡蛋磕入碗中，加入鸡精、姜汁、少许食盐打散，放入方形不粘锅中小火摊成两张薄薄的蛋饼，取出晾凉。

②咸鸭蛋去壳取黄，捏碎；松花蛋去壳，捏碎。

③蛋饼铺平在案板上，先将咸蛋黄放在里侧慢慢卷紧，中途再放松花蛋卷在一起，照此方法制作另一张蛋卷。

④蛋卷放入盘中，蒸锅水开后放入锅内，大火蒸2分钟，出锅晾凉，食用时切成小段摆盘即可。

操作要领

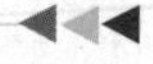

注意不要选择腌制时间太长的咸鸭蛋，否则蛋黄出油多，不适宜制作。

营养贴士

鸡蛋具有滋阴润燥、养心安神、养血安胎、延年益寿的功效，营养丰富而全面，被人们誉为“理想的营养库”。

视觉享受：★★★ 味觉享受：★★★ 操作难度：★★

樟茶蛋

TIME 15分钟

菜品特点 口味咸香

主料： 鸭蛋3个，茶叶30克，樟树叶150克

配料： 川盐、八角、花椒各适量

操作步骤

①川盐放入缸内，加入开水，冷却后，再放八角、花椒、茶叶20克、樟树叶100克、净鸭蛋，浸泡1天至鸭蛋入味。

②锅内放入清水、茶叶10克、樟树叶50克、鸭蛋，煮熟即成。

操作要领

煮鸭蛋时要冷水下锅，小火加热煮熟。

营养贴士

鸭蛋内含有的成分与鸡蛋基本相似，但脂肪含量高于鸡蛋，含锌量又低于鸡蛋。鸭蛋甘、凉，适用阴虚肺燥所致咳嗽、痰少、咽干、咽喉肿痛、阴虚失眠等。

主料： 益母草茶30克，鸡蛋1个

配料： 丹参、龙眼肉各10克

操作步骤

①鸡蛋煮熟，捞出过凉水，剥去蛋壳。

②益母草茶、丹参、龙眼肉、去壳的鸡蛋全部放入水中同煮，煮开后大火煮3分钟，转小火煮15分钟关火，放入鸡蛋自然晾凉，连汤将鸡蛋盛入小碗中即可食用。

操作要领

除搭配丹参、龙眼肉外，还可选择红枣等补血养气的食物同煮。

营养贴士

益母草具有补血、悦色、润肤美容的功效，连同鸡蛋一起同食，非常适合经期食用。

视觉享受：★★★ 味觉享受：★★★ 操作难度：★

益母草煮鸡蛋

TIME 30分钟

菜品特点 满口生香 生津补血

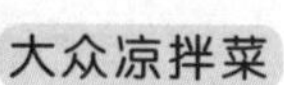

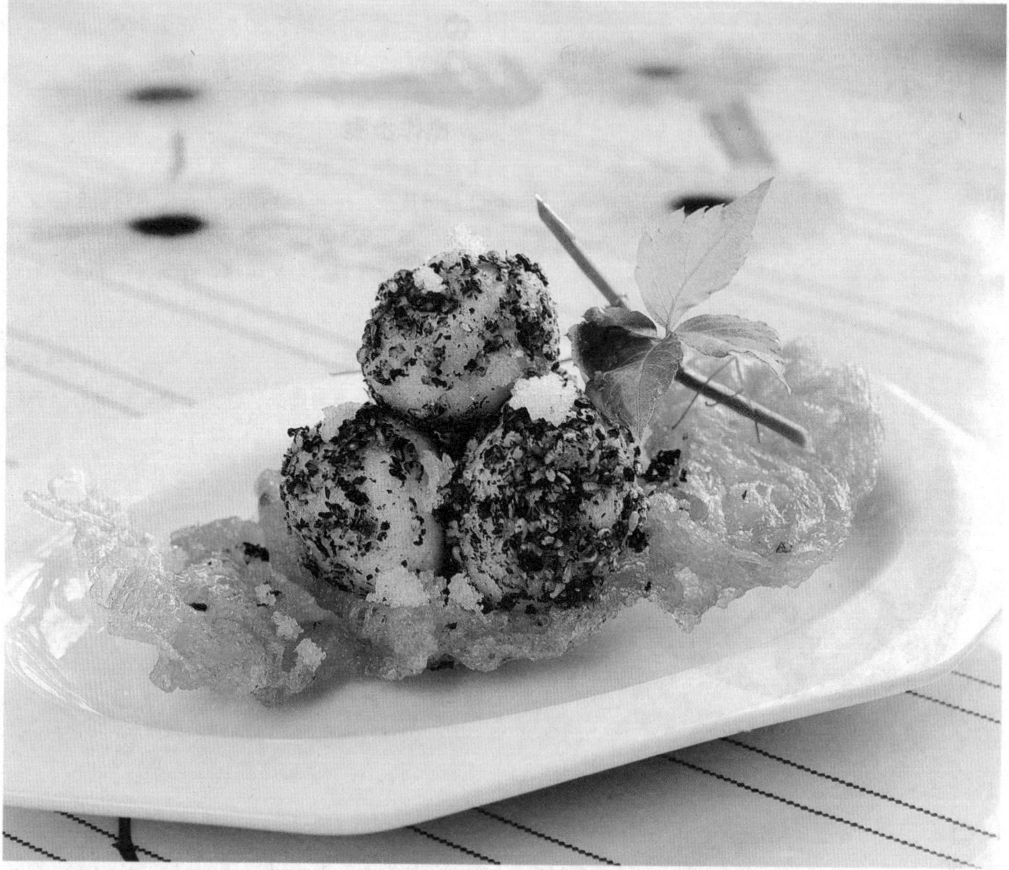

麻仁鸽蛋

TIME 10分钟

视觉享受：★★★
味觉享受：★★★
操作难度：★★

菜品特点
香甜诱人
口味独特

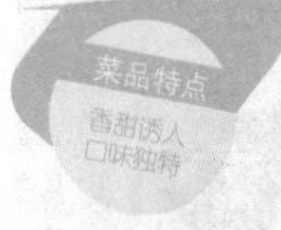

主料： 鸽蛋5个，熟黑芝麻碎适量

配料： 白砂糖适量

操作步骤

①鸽蛋放入水中煮熟，捞出过凉水，剥去蛋壳，风干水分。

②将黑芝麻平摊在盘中，不粘锅置火上，慢火加热，放入适量白砂糖，加热1分钟左右，看到糖粒开始熔化时，滚入鸽蛋，以微火加热，直至鸽蛋全身粘满糖粒，即可盛出，趁热放入黑芝麻盘中，粘满黑芝麻，晾凉后摆盘即可。

操作要领

在滚糖粒的过程中，一定要注意火候的把握，否则糖粒容易焦煳。

营养贴士

鸽蛋有“动物人参”的美誉，属于高蛋白、低脂肪的珍品，老少皆宜。

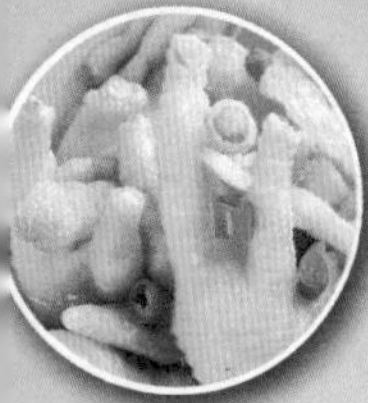

★★★★★

浓香禽肉

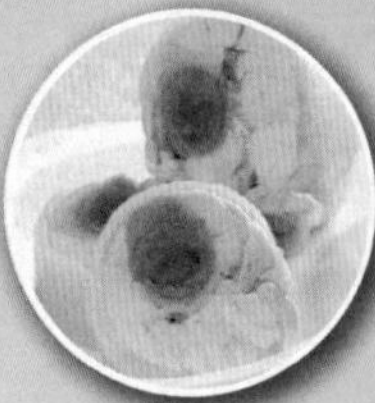

★★★★★

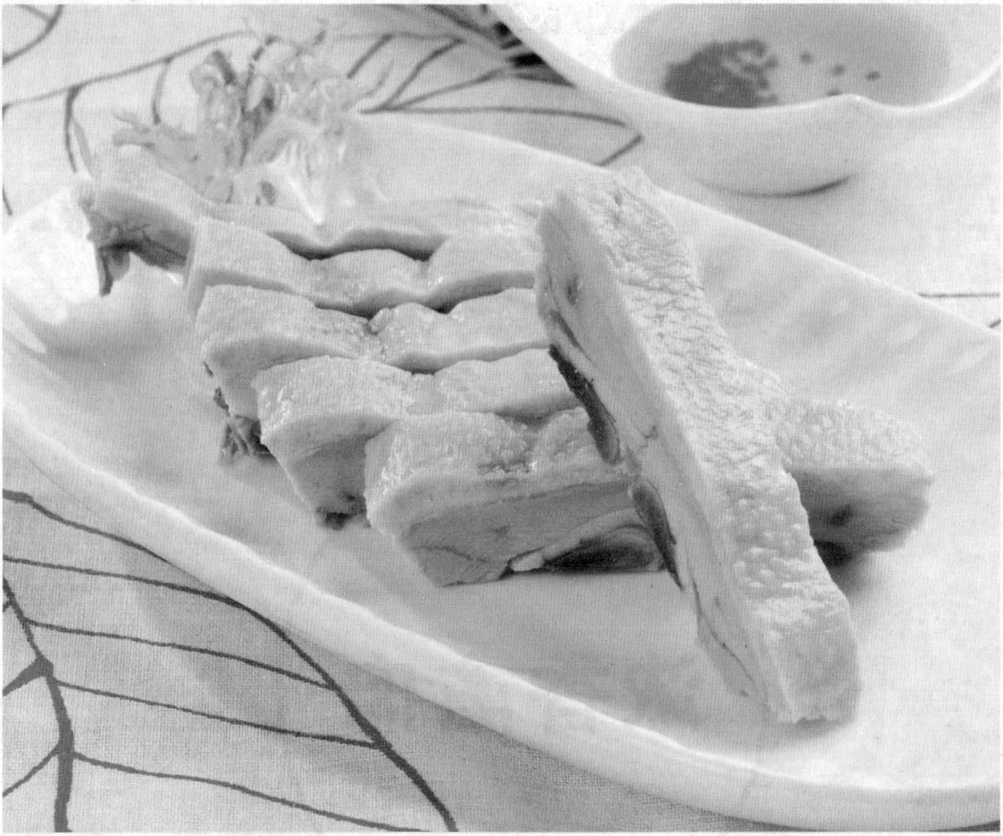

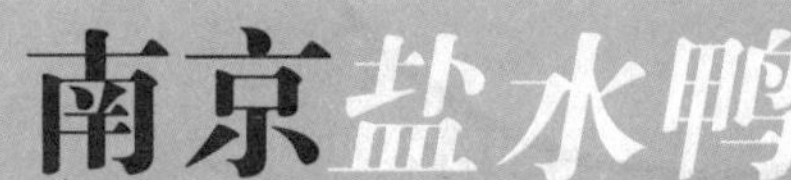

南京盐水鸭

视觉享受：★★★
味觉享受：★★★★
操作难度：★★

TIME 数小时

菜品特点
肉质鲜嫩
味道鲜美

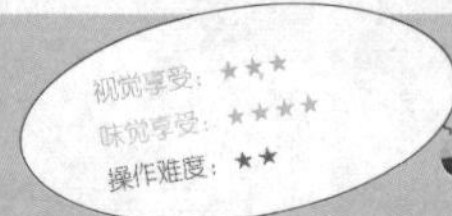

主料： 鸭 400 克

配料： 料酒 30 克，八角 6 个，葱 2 根，姜 1 块，食盐、花椒粒适量

操作步骤

①鸭洗净，控干水分。

②在锅中放入食盐、花椒粒和八角，炒出香味，趁热将盐抹匀鸭身。

③用保鲜袋将鸭子包好，放进冰箱腌制 2 小时。

④锅里烧火，放入盐、葱、姜、八角和料酒，烧开制成卤关火，将腌过的鸭子放进锅里浸泡 2 小时后烧开，撇去浮沫，关火。

⑤盖上盖子焖 20 分钟，开火将水再次烧开，再关火继续焖 20 分钟，用筷子顺利插透肉厚部位即可。

⑥捞出滤干晾凉斩件即可上碟。

操作要领

煮鸭子时反复焖煮，更入味，口感更好。

营养贴士

此菜具有降血压、增进食欲的功效。

主料： 鹅肠500克

配料： 青、红椒片各50克，泡椒25克，凉拌醋15克，食盐5克，鸡精3克，白糖、香油各少许，料酒、姜片各适量

操作步骤

①鹅肠洗净，用食盐、料酒、姜片腌制片刻，倒入开水锅中煮熟，切成段，放入盘中。

②小碗中放入剁细的泡椒、凉拌醋、鸡精、白糖、食盐搅拌均匀，做成酱汁。

③将酱汁倒入装有鹅肠的盘中，加入青椒片、红椒片、香油，拌匀即可。

操作要领

鹅肠先用清水冲洗，再用尖刀顺肠挑开，撒食盐在盆中干搓，再洗；如此用食盐反复洗3次便可去除鹅肠的腥味。

营养贴士

鹅肠对内脏、消化系统以及视觉的维护都有较好的作用。

主料： 鸡胸肉400克，冻粉适量

配料： 冬笋50克，白糖5克，食盐5克，白醋、米酒各适量，姜汁、料酒、生抽、花椒油、香油、青椒、红椒各少许

操作步骤

①鸡胸肉用姜汁、料酒、食盐腌制片刻，煮熟，晾凉，切成丝，装入盘中；青、红椒切丝。

②冻粉用水泡发，冬笋洗净切丝，分别入沸水中焯熟，与鸡丝拌匀。

③加入食盐、白糖、白醋、米酒、生抽、花椒油搅拌均匀。

④最后淋上香油，撒上青、红椒丝即可。

操作要领

鸡胸肉一定要煮熟。

营养贴士

鸡肉对老年人和心血管疾病患者来说是较好的蛋白质食品。

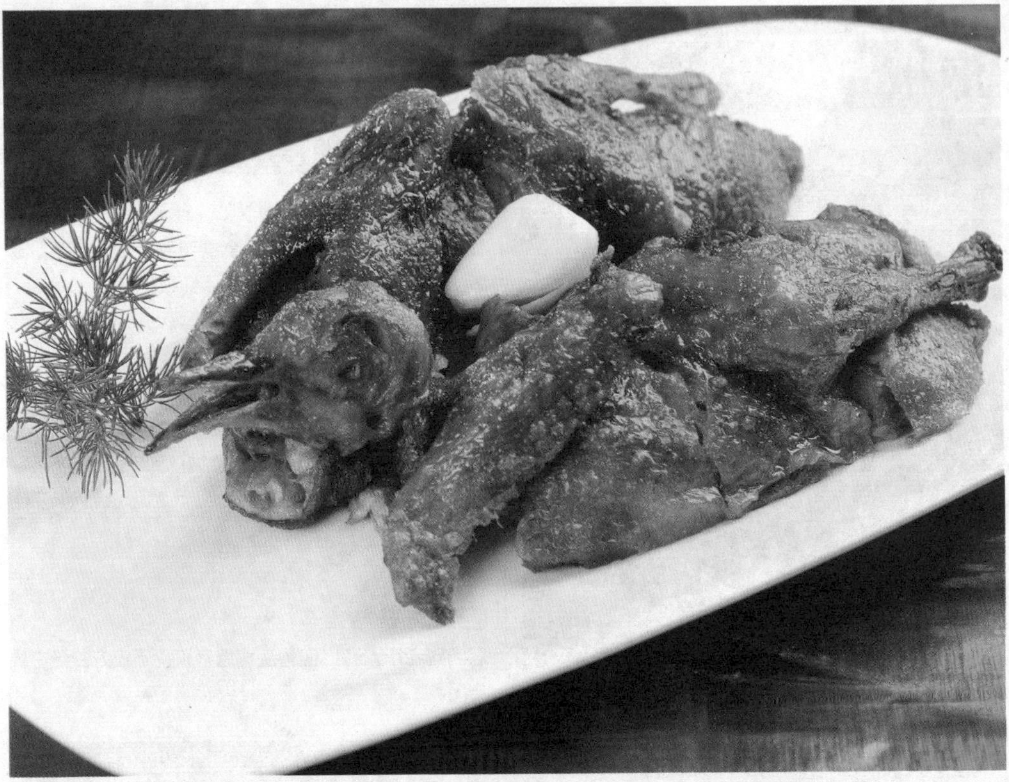

脆皮乳鸽

TIME 数小时

视觉享受：★★★
味觉享受：★★★★
操作难度：★★

菜品特点
皮酥肉嫩
色泽红亮

主料： 乳鸽（已处理）1只

配料： 茴香4粒，桂皮1小块，黄酒25克，大曲酒50克，食盐10克，鸡精5克，葱结、姜块、调好的麦芽糖水、植物油各适量

操作步骤

①乳鸽洗净，放入锅内，加入黄酒、大曲酒、食盐、鸡精、清水、葱结、姜块、茴香、桂皮，烧开后转用小火烧40分钟至熟，取出。

②将调好的麦芽糖水均匀淋在乳鸽全身，将乳鸽用铁勾挂起放在风口处吹干。

③锅中放入多一些植物油，烧至八成热时，将乳鸽放在笊篱内，用铁勺舀油先淋入乳鸽肚内，然后持续舀油淋在乳鸽皮上至金黄色。

④斩下乳鸽头、翅膀、鸽腿，鸽身斩为数块，在盘中摆成乳鸽的形状即可。

操作要领

调麦芽糖水时，麦芽糖与水的比例为1.5:1。

营养贴士

此菜具有滋补肝肾、补气血、强身健体、清肺顺气等功效。

视觉享受：★★★ 味觉享受：★★★★★ 操作难度：★★★

泡椒凤爪

TIME 数小时

菜品特点 酸爽开胃

主料： 鸡爪500克

配料： 姜30克，泡椒50克，食盐3克，鸡精1克，白糖3克，江米酒5克，红椒50克，干辣椒50克，花椒5克，香料（大料、茴香、香叶、桂皮）适量

操作步骤

①将鸡爪去爪尖，清洗干净，用刀对剖成两半；姜切成薄片；红椒洗净切段。

②干辣椒、花椒、香料用纱布包好，制成香料包；锅置中火上，倒清水烧开至沸，放入香料包，煮一会儿，倒出晾凉。

③鸡爪用沸水氽烫断生，捞出投凉。

④将晾凉的香料水加食盐、鸡精、白糖、江米酒、泡椒、红椒调和均匀，放入姜片、凤爪，一起泡制4~6小时即可。

操作要领

凤爪一定要煮熟断生。

营养贴士

凤爪中含有较多的胶原蛋白，常吃有助于美容。

主料： 鸡柳200克，雪梨1个

配料： 红彩椒丝、黄彩椒丝、青椒丝各30克，蛋清、生粉各20克，白醋15克，白糖10克，食盐5克，鸡精、香油各3克，姜汁、植物油各适量

操作步骤

①鸡柳洗净切丝，加入蛋清、生粉、鸡精、姜汁拌匀，腌渍15分钟。

②雪梨去皮和核，洗净切丝。

③锅中加入植物油，烧热后倒入鸡丝翻炒至变色，盛出。

④所有食材放入碗中，加入白醋、白糖、香油、食盐，拌匀即可。

操作要领

雪梨丝也可放入沸水锅中，快速焯水，捞出过一遍凉水。

营养贴士

梨性微寒味甘，能生津止渴、润燥化痰，主要用于心烦口渴、肺燥干咳或饮酒过多等症状。

视觉享受：★★★ 味觉享受：★★★ 操作难度：★★

雪梨鸡丝

TIME 15分钟

菜品特点 清爽脆嫩 美味适口

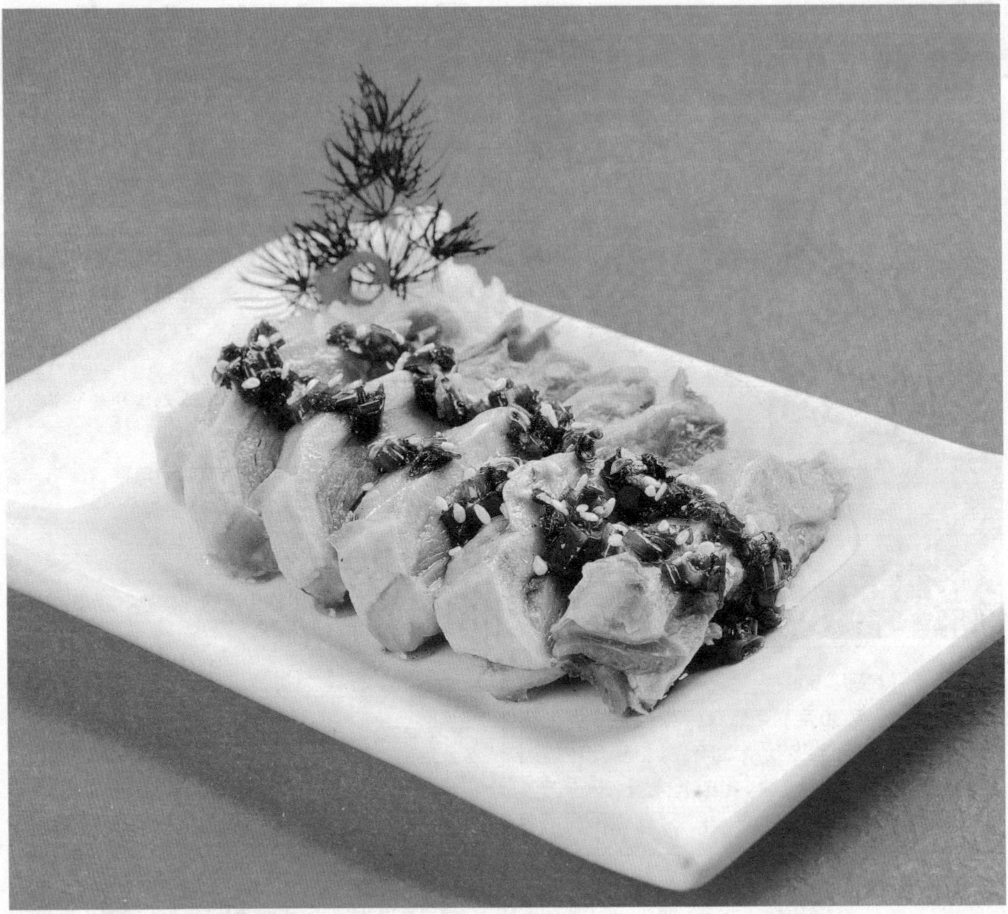

椒麻卤鹅

TIME 1小时

视觉享受：★★★
味觉享受：★★★★
操作难度：★★

菜品特点
肥而不腻
香嫩可口

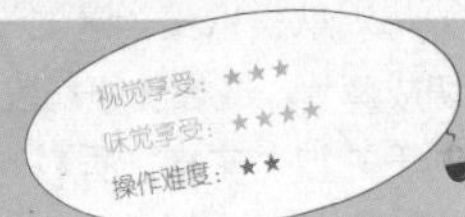

主料： 鲜鹅半只

配料： 植物油、生抽、醋、食盐、白糖、花椒、香叶、陈皮、茴香、葱花、白芝麻、麻椒各适量

操作步骤

①鹅肉洗净，焯水；麻椒焙干，捣碎。

②锅中加水，将花椒、香叶、陈皮、茴香放入锅中，烧开，放入鹅、食盐、白糖，卤制熟烂，晾凉后，切块，摆入盘中。

③炒锅中倒入植物油，将葱花、麻椒放入油中爆香，调入生抽、醋，浇在鹅肉上，撒上白芝麻即可。

操作要领

可以根据个人口味，加入适量白醋。

营养贴士

鹅肉营养丰富，脂肪含量低，对人体健康十分有利。

视觉享受：★★★ 味觉享受：★★★★ 操作难度：★★★★

麻油鸡

TIME 30分钟

菜品特点 麻辣鲜香

主料： 鸡胸肉200克，鸡心150克，木耳、小油菜各适量

配料： 姜3片，葱段3个，麻油、红油各25克，食盐5克，鸡精3克，料酒、白醋各适量，白芝麻各少许

操作步骤

①鸡胸肉洗净，切块，鸡心改十字花刀，放入碗中，加姜片、葱段、料酒、少许食盐腌渍片刻。

②木耳泡发，撕成小朵，小油菜洗净，全部焯水至断生，捞出投凉，沥干水分。

③锅中烧水，水沸后将鸡肉、鸡心与姜片、葱段一同倒入锅中，汆烫去血水，加食盐煮到断生捞出，晾凉后鸡肉撕成小条。

④鸡肉、鸡心与木耳、小油菜混匀摆盘，淋入以红油、麻油、白醋、鸡精、少许食盐调成的味汁拌匀，撒少许白芝麻即可。

操作要领

鸡不能煮得太久，否则将变老。

营养贴士

此菜具有增强体力、增强消化的功效。

视觉享受：★★★ 味觉享受：★★★★ 操作难度：★★★

醉三黄鸡

TIME 1小时

菜品特点 鸡肉滑嫩 口味独特

主料： 三黄鸡1只

配料： 姜片10克，葱段15克，香叶、八角、丁香各少许，冰糖30克，糟卤汁300克，花雕酒、白酒各50克，食盐适量，青红椒丝、葱白丝、葱花、葱段各少许

操作步骤

①锅中加水烧开，拎着洗净的三黄鸡头部把鸡身放入开水中反复汆烫3次，然后把三黄鸡放入锅中，关火加盖焖30分钟，取出用冷水过凉，沥干水分。

②另取一煮锅，放入三黄鸡、适量清水、香叶、八角、丁香、葱段、姜片、食盐、冰糖搅拌均匀，大火烧开，小火煮10分钟，关火晾至凉透。

③在煮锅中加入糟卤汁、花雕酒、白酒调成醉鸡卤汁。

④煮好的三黄鸡切块，放入容器中，倒入醉鸡卤汁，让卤汁没过所有鸡块，加盖密封放置24小时，食用时点缀青红椒丝、葱白丝、葱花即可。

操作要领

醉鸡的过程中，中途不要将容器打开，以防止香味挥发。

营养贴士

鸡肉有滋补的作用。

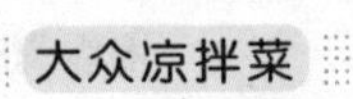

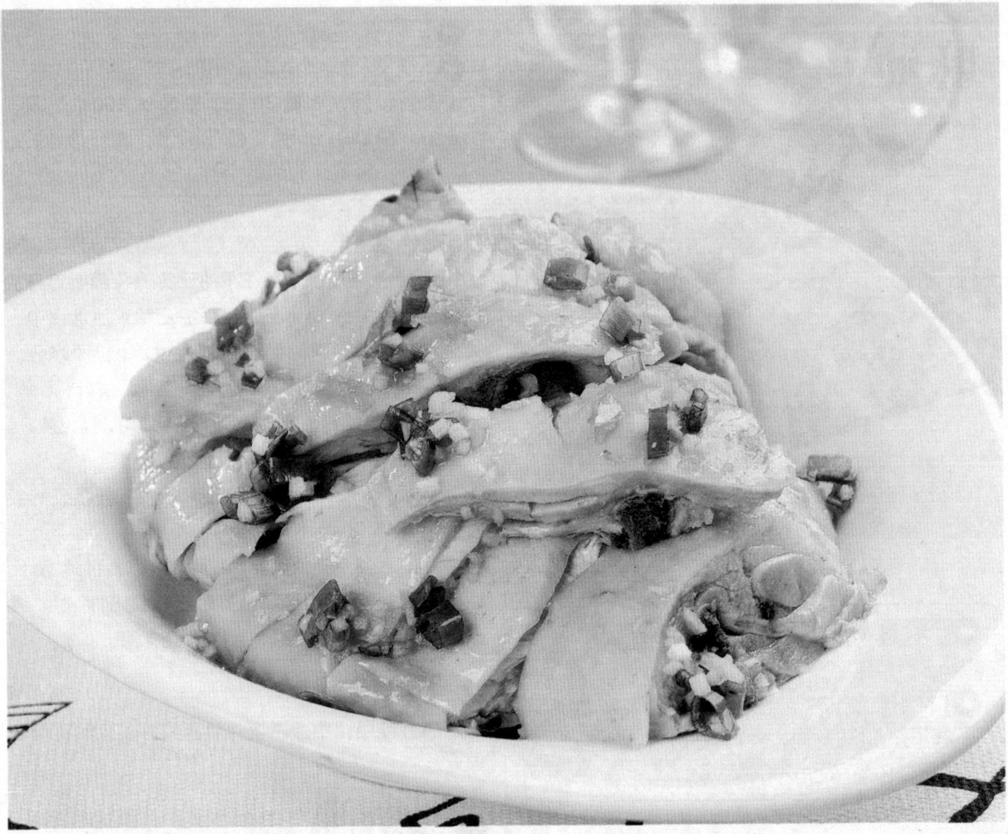

白斩鸡

TIME 1小时

视觉享受：★★★
味觉享受：★★★★
操作难度：★★★

菜品特点
皮爽肉滑
香辣鲜美

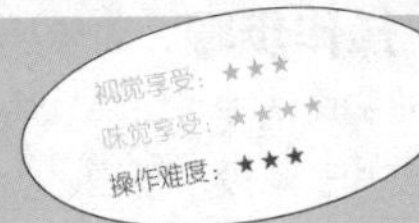

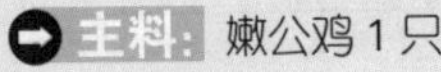

主料： 嫩公鸡1只

配料： 姜、蒜末各15克，食盐5克，植物油10克，葱花少许，白醋、辣椒油、花椒油各适量

操作步骤

①小碗中加入白醋、辣椒油、花椒油、姜末、蒜末、食盐，用中火烧热炒锅，下植物油烧至八成热，浇入小碗中，拌匀备用。

②鸡洗净，放入加适量食盐的水中净煮，中间提出两次，倒出腔中的水，以保持内外温度一致，约15分钟煮至熟，捞出，再放在冷开水中浸泡冷却，焖10分钟，晾凉，斩成小块，盛入碟中，将小碗中的汁浇在上面，撒上葱花即可。

操作要领

鸡肉可放置2小时后入冰箱冷藏，以增加肉的鲜味。

营养贴士

鸡肉不但脂肪含量低，且所含的脂肪多为不饱和脂肪酸，是理想的蛋白质食品。

视觉享受：★★★ 味觉享受：★★★ 操作难度：★★★

山椒鸡胗

TIME 20分钟

菜品特点 咸酸适口 开胃制激

主料： 鸡胗500克，泡山椒100克

配料： 红椒1个，葱2根，姜2片，食盐10克，鸡精5克，白糖3克，料酒、香醋、香油、花椒油各少许，花椒15粒

操作步骤

①鸡胗清洗干净；红椒切圈；葱切段。

②在锅中放入料酒、葱段、姜片、花椒，加水煮开，将鸡胗放入锅中，加入食盐、鸡精煮熟，捞出，过凉，切薄片。

③将泡山椒、红椒圈和鸡胗放入较大容器中，加入食盐、白糖、香醋、花椒油拌匀腌10分钟，食用时调入适量香油即可。

操作要领

刚拌好的鸡胗经过短时间的腌渍口感会更好。

营养贴士

此菜具有消食健胃的功效。

主料： 鸡胸肉200克，海蜇皮200克

配料： 香芹、食盐、白醋、鸡精、八角、花椒、葱段、姜片、蒜末、香油各适量，香菜少许

操作步骤

①鸡胸肉洗净，放入加有食盐、鸡精、八角、花椒、葱、姜的水中煮30分钟。

②香芹切成小段备用；海蜇皮切条。

③鸡胸肉捞出后，放凉，撕成小条，与海蜇皮、香芹一起放在盘中，加食盐、白醋、香油、蒜末拌匀，点缀香菜即可。

操作要领

鸡胸肉一定要洗净，否则血水会影响口感。

营养贴士

海蜇皮中含有人们饮食中所缺的碘，对人体健康十分重要。

视觉享受：★★★ 味觉享受：★★★★ 操作难度：★★★

手撕鸡拌蜇皮

TIME 40分钟

菜品特点 增强食欲

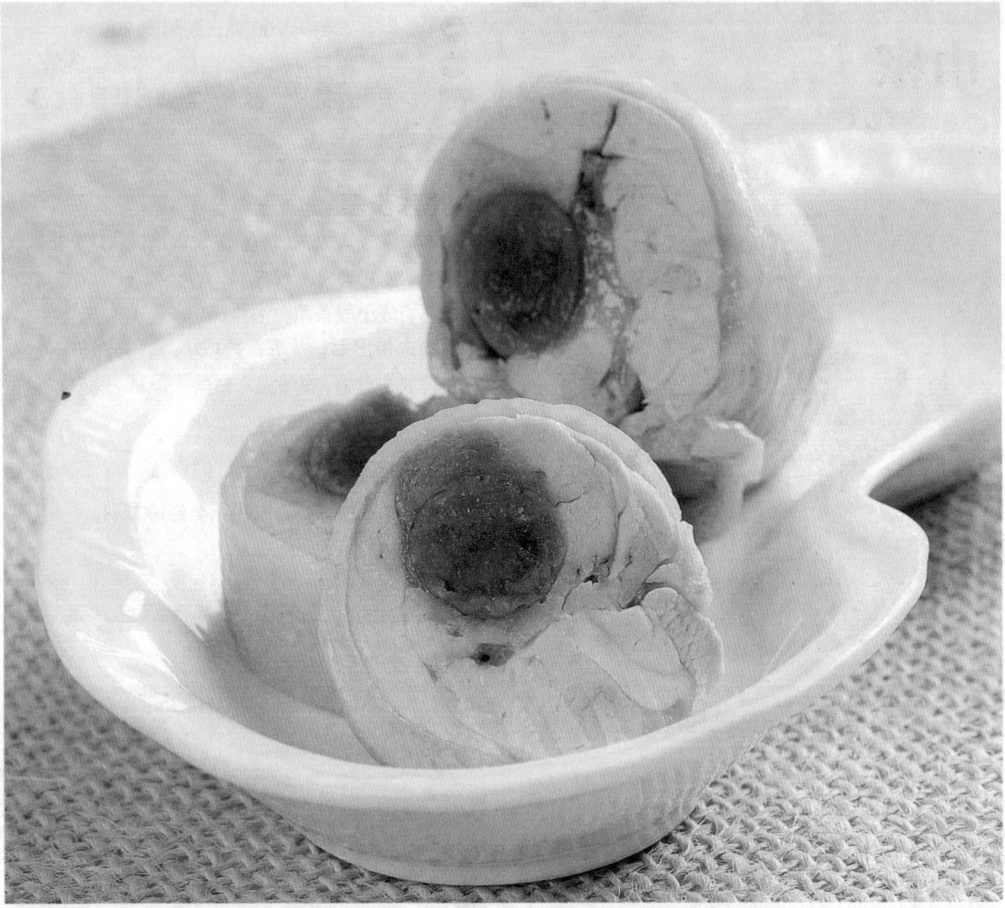

凤眼鸡

TIME 30分钟

视觉享受：★★★
味觉享受：★★★★
操作难度：★★★

菜品特点
皮脆肉滑
腊香味浓

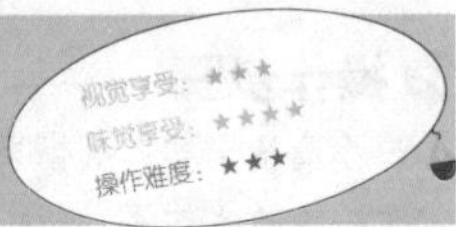

主料： 鸡腿3只，腊肠3个
配料： 大葱4段，姜4片，料酒15克，食盐适量

操作步骤

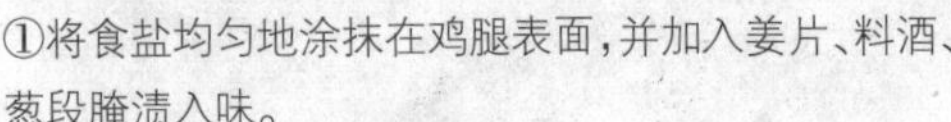

①将食盐均匀地涂抹在鸡腿表面，并加入姜片、料酒、葱段腌渍入味。

②腌好的鸡腿去骨，修平整，裹上腊肠，用纱布将鸡腿裹紧，放入热锅中蒸熟。

③待凉后，放入冰箱中冷藏。

④吃时切段摆盘即可。

操作要领

蒸的时候要注意时间，不要时间过长。

营养贴士

鸡肉含丰富蛋白质，其脂肪中含不饱和脂肪酸，可用于虚劳瘦弱、骨蒸潮热、脾虚泄泻等。

视觉享受：★★★ 味觉享受：★★★★ 操作难度：★★

口水鸡

TIME 1小时

菜品特点：肉质鲜嫩 清爽美味

主料： 三黄鸡（已处理）500克

配料： 料酒30克，姜、蒜末各10克，辣椒油、花生酱各10克，麻油5克，白糖15克，鸡精2克，葱花、香油、白醋、香菜、食盐、料酒各适量，香叶、八角少许

操作步骤

①三黄鸡洗净，加食盐、料酒淹制30分钟。

②锅中放入鸡、食盐、香叶、八角、清水烧开，转中小火煮20分钟至熟，捞出，放入水中稍浸至凉，捞出沥干，切好装盘。

③辣椒油、花生酱、麻油、姜末、蒜末、葱花、鸡精、白糖、香油、白醋、食盐放入碗中调匀，浇入鸡块中，撒上香菜即可。

操作要领

如果想让鸡肉更凉爽，可放入冰水中浸泡。

营养贴士

此菜具有促消化、补钙、降血脂的功效。

主料： 鸡翅500克

配料： 料酒、老抽各30克，姜片、葱段各30克，食盐10克，植物油、花椒、干辣椒段各适量

操作步骤

①鸡翅洗净，切两段，以料酒、姜片、老抽、食盐腌制30分钟，控干水分。

②鸡翅下入六成热的油锅中炸至表面金黄，捞出控油。

③锅中留底油，加入花椒、葱段、姜片、干辣椒段爆香，放入鸡翅翻炒均匀，淋少许料酒、食盐，再翻炒一会儿出锅，晾凉后摆盘即可。

操作要领

注意第二次放食盐不要放多，以免过咸。

营养贴士

鸡翅适合老年人和儿童、感冒发热、内火偏旺的人群食用。

视觉享受：★★★ 味觉享受：★★★★ 操作难度：★★★

辣子鸡翅

TIME 50分钟

菜品特点：甜辣口味 色泽红亮

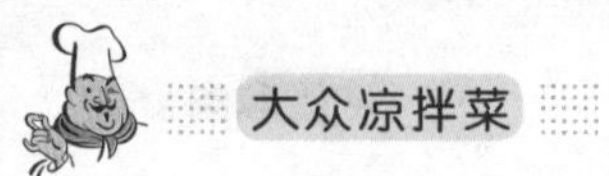

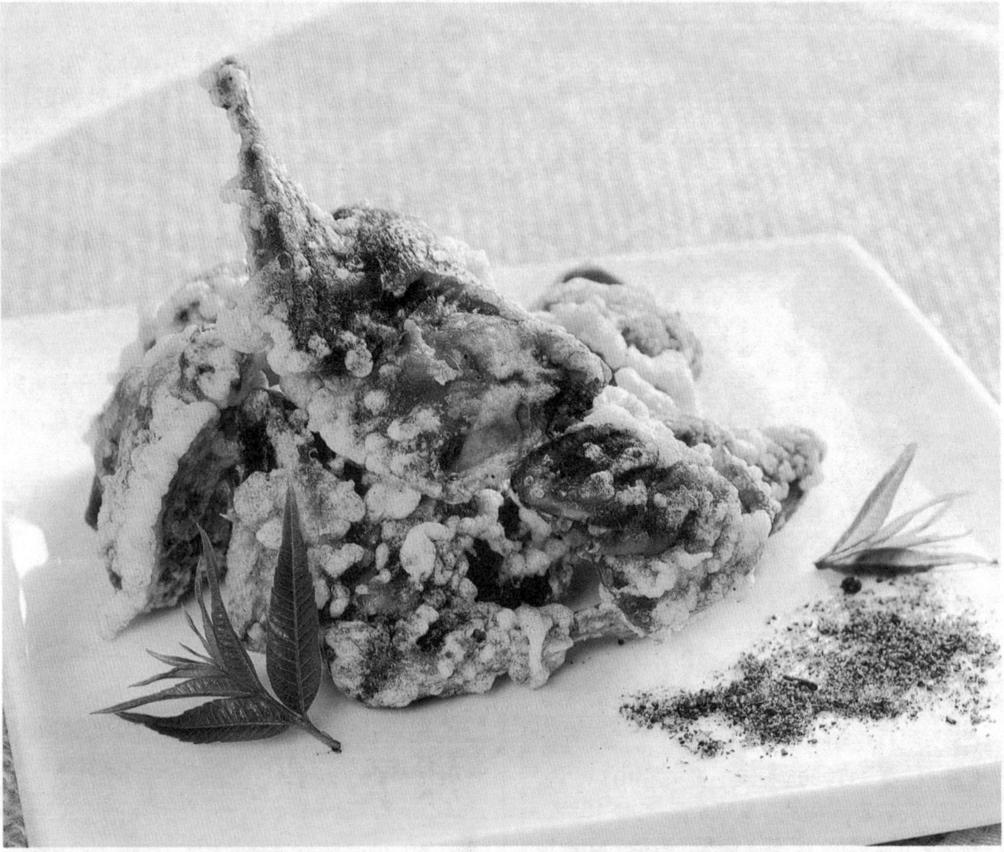

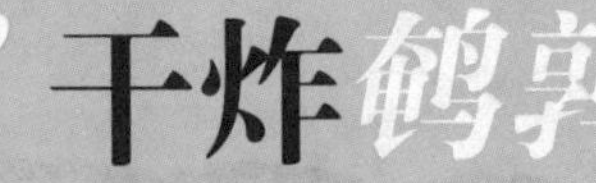

干炸鹌鹑

TIME 1.5小时

视觉享受：★★★
味觉享受：★★★★
操作难度：★★★

菜品特点
皮酥肉嫩

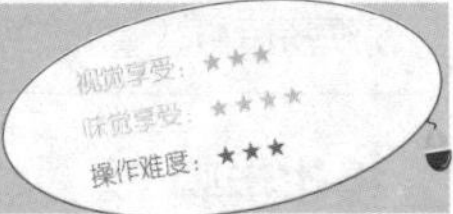

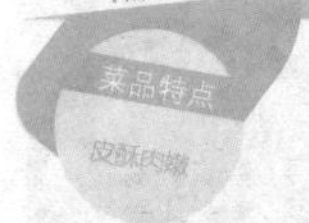

主料： 鹌鹑4只

配料： 姜2片，川椒6粒，葱2段，生粉100克，鸡蛋2个，植物油、椒盐各适量，绍酒、酱油各20克

操作步骤

①鹌鹑洗净，从脊背剖开，取去内脏洗净沥干，用姜、葱、川椒、绍酒、酱油腌制1小时待用。

②鹌鹑放在大碗中，裹上以鸡蛋液、生粉调成的面糊，待炸。

③锅置火上，放植物油烧至六成热时，下入鹌鹑炸至酥脆时捞起，控油晾凉，食用时配上椒盐即可。

操作要领

用生粉与鸡蛋液调制面糊时，稠度以裹在肉上不会往下滴为准。

营养贴士

鹌鹑肉主要成分为蛋白质、脂肪、无机盐类，且具有多种氨基酸，胆固醇含量较低的特点。

视觉享受：★★ 味觉享受：★★★★ 操作难度：★★★

樟茶鸭

TIME 数小时

菜品特点
颜色金黄
外焦里嫩

主料： 鸭1只，油豆皮适量

配料： 藕粉100克，鸡蛋100克，胡椒粉1克，白糖2克，姜米3克，花椒粉1克，食盐、酱油、鸡精、香油各适量

操作步骤

①将藕粉用水调散，加入鸡蛋、胡椒粉、白糖、姜米、花椒粉、食盐，制成清糊。

②油豆皮用水发湿，用刀切成20厘米的正方形大块，一层豆油皮涂一层清糊，反复重叠至1厘米厚，再摊放在稀麻布上，鸭子放在上面，入蒸笼蒸熟。

③鸭取出后用木板压紧，冷却后用杠炭红火加樟树叶、茶叶慢慢烘烤，边烤边刷上香油，烤至皮酥。

④烤好后放入大碗内，加酱油、鸡精，入笼再蒸（上气）2分钟，改刀入盘即成。

操作要领

用杠炭熏则为熏鸭，用樟叶、茶叶熏则为樟茶鸭，用米熏则为米熏鸭。

营养贴士

鸭肉中的脂肪酸熔点低，易于消化。

主料： 鸭舌200克，青、红椒各80克

配料： 竹笋50克，卤水500克，白醋15克，姜汁20克，花椒油适量，食盐、鸡精各少许

操作步骤

①鸭舌洗净，汆水10秒，剥掉鸭舌的白色外衣，将后面的两条须剪掉，入卤水中，小火煮15分钟取出鸭舌。

②青椒、红椒、竹笋分别洗净，切片，入沸水中汆水30秒，捞出过凉水，沥干水分。

③所有食材放入碗中，加入食盐、鸡精、花椒油、白醋、姜汁，调匀即可。

操作要领

鸭舌用卤水卤制，更能入味。

营养贴士

鸭舌蛋白质含量较高，易消化吸收，有增强体力，强壮身体的功效。

视觉享受：★★★ 味觉享受：★★★★ 操作难度：★★★

辣椒拌鸭舌

TIME 10分钟

菜品特点
肉质鲜美
营养美味

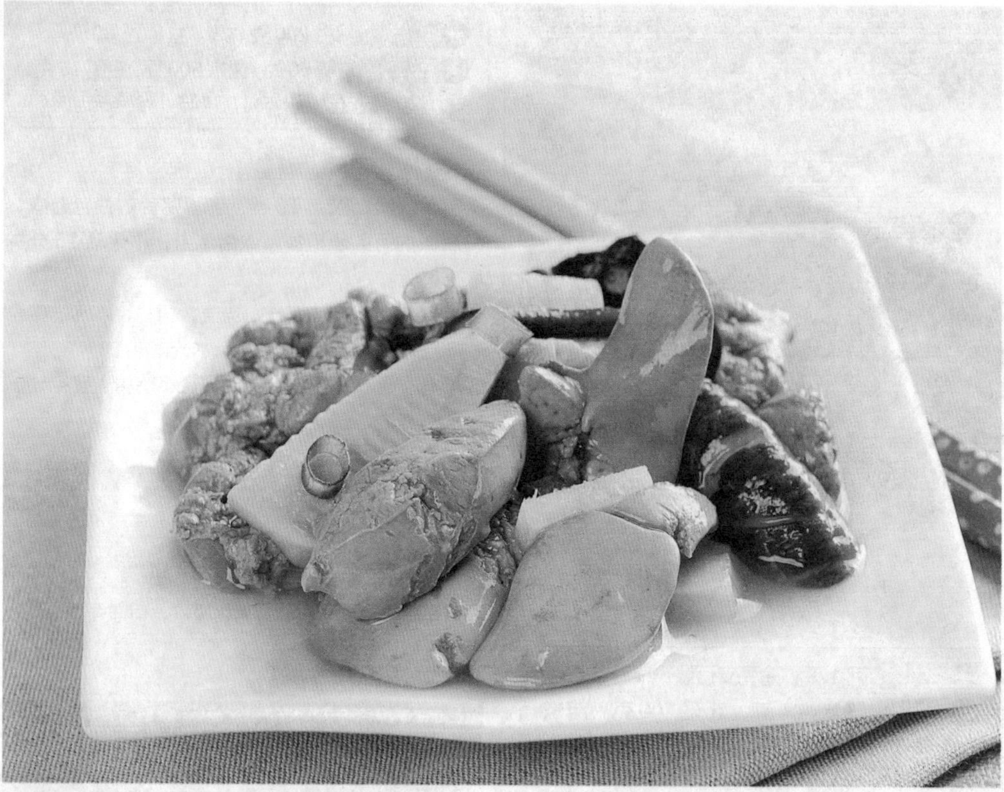

白烧鸭肝

主料： 鸭肝 200 克，鲜笋 100 克，鲜香菇 50 克

配料： 花椒 25 克，香叶 10 克，葱 100 克，姜片 60 克，食盐 80 克，白糖 10 克，鸡精 10 克，料酒 20 克

操作步骤

①鸭肝洗净整理好；葱切葱花；鲜笋、香菇切成片焯熟。

②坐锅点火加入清水（水量以淹没鸭肝为准），放入花椒、香叶、姜片、鸭肝，中火煮至开锅，鸭肝煮熟后关火，撇净水中浮沫。

③取一个盆子，用少许原汤将食盐、白糖、鸡精、料酒调匀，再把所有主料倒入盆中，将鸭肝、笋、香菇浸泡至入味，自然晾凉。

④捞出主料盛入盘中，撒上葱花即可。

操作要领

肝脏是动物体内最大毒物中转站和解毒器官，烹调时间也不能太短，至少让肝脏变至灰褐色，看不到血丝才好。

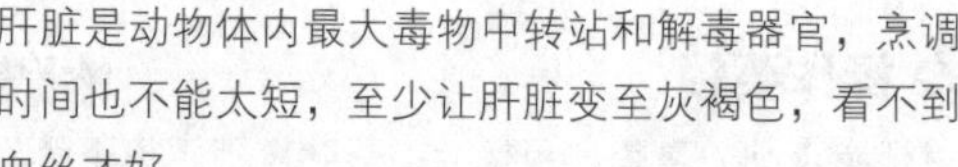

营养贴士

鸭肝中富含维生素 C、维生素 E、膳食纤维等。

视觉享受：★★★ 味觉享受：★★★★ 操作难度：★★★

观音茶香鸡

TIME 50分钟

菜品特点 鲜嫩浓香

主料： 仔鸡1只

配料： 八角、草果、桂皮、小茴香、陈皮、花椒各少许，食盐10克，冰糖25克，老抽、花雕酒各30克，姜片、葱段各50克，观音茶20克，香芹50克，红椒粒30克，植物油适量

操作步骤

①锅中放入1000克水烧开，加入八角、草果、桂皮、小茴香、陈皮、花椒、10克观音茶、食盐、冰糖、老抽、花雕酒、姜片、葱段，再煮2分钟关火，晾凉，放入洗净的鸡浸泡12小时左右，捞出控干水分，切成块。

②香芹洗净切段；剩余观音茶用1杯沸水泡至茶叶伸展，捞出沥干水分。

③另起锅放入适量植物油，待油温六成热时，放入鸡块炸熟，捞出控油，转小火，再分别下入香芹、茶叶略炸，捞出控油。

④将香芹、红椒粒、观音茶叶、鸡块拌匀，摆盘后即可上桌。

操作要领

植物油以能够没过鸡块为宜。

营养贴士

鸡肉含有维生素C、维生素E等，蛋白质的含量较高。

视觉享受：★★★ 味觉享受：★★★★ 操作难度：★★★

麻香鸭舌

TIME 50分钟

菜品特点 开胃鲜嫩 香麻可口

主料： 鸭舌300克

配料： 葱2根，姜10克，蒜6瓣，麻椒5粒，干辣椒段30克，料酒5克，生抽5克，植物油适量，白糖5克

操作步骤

①鸭舌洗净，用料酒腌渍20分钟，再放入冷水中烧开，焯水；葱切花；姜、蒜切片。

②炒锅加热，倒入适量植物油，放入干辣椒段、麻椒炒香，再放入葱花、姜片和蒜片炒出香味，倒入焯好的鸭舌，加少许料酒翻炒均匀。

③再放入生抽和白糖提味，翻炒均匀后，倒入少许清水，盖上锅盖中火煮20分钟，大火收汁，盛盘晾凉，撒上白芝麻即可。

操作要领

在做这道菜的时候，要注意火候及操作时间。

营养贴士

鸭舌含有对人体生长发育有重要作用的磷脂类，对神经系统和身体发育有重要作用，对老年人智力衰退有一定的作用。

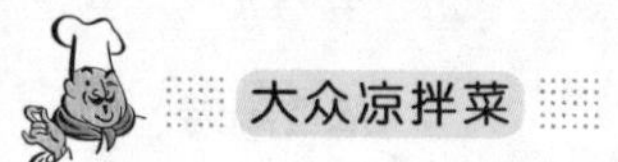

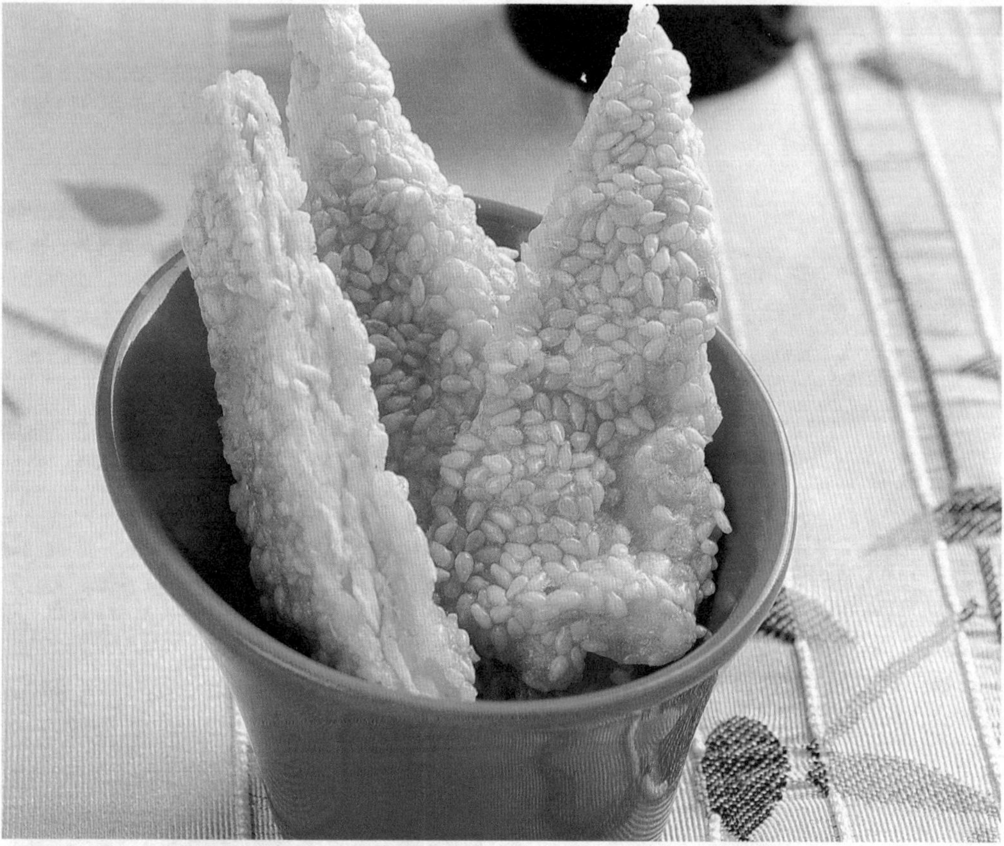

芝麻鸡脯

TIME 45分钟

视觉享受：★★★
味觉享受：★★★★
操作难度：★★★

菜品特点
口感鲜香
外酥里嫩

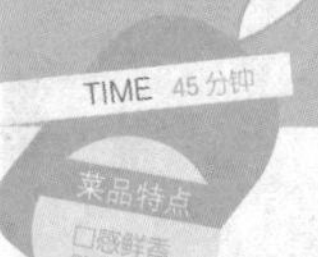

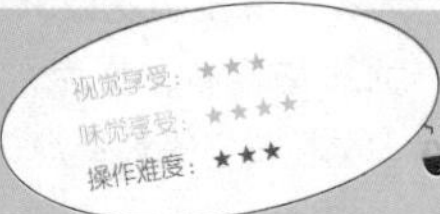

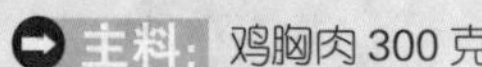

主料： 鸡胸肉300克

配料： 淀粉、熟芝麻、鸡蛋液、食盐、料酒、葱段、姜片、花生油各适量

操作步骤

①鸡胸肉洗净切成片，放入碗中，用食盐、葱段、姜片、料酒腌渍30分钟。

②腌好的鸡肉片控干水分，均匀拍上淀粉，裹一层鸡蛋液，均匀地沾满芝麻。

③锅中添入花生油，烧至六成热时，将芝麻鸡片放入锅中，炸至色变黄时，端离火口，浸炸3分钟左右，之后再上火炸至呈金黄色熟透时，将其捞出，稍晾控油即可食用。

操作要领

炸时要注意油温，不可以一直在火上炸，以免颜色变黑。

营养贴士

鸡肉含丰富的蛋白质，十分适合体质虚弱、病后或产后的人食用。

鲜美畜肉

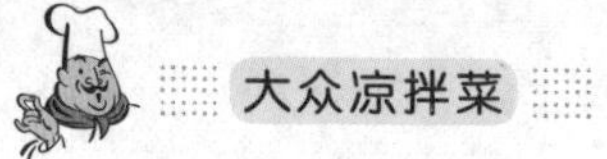

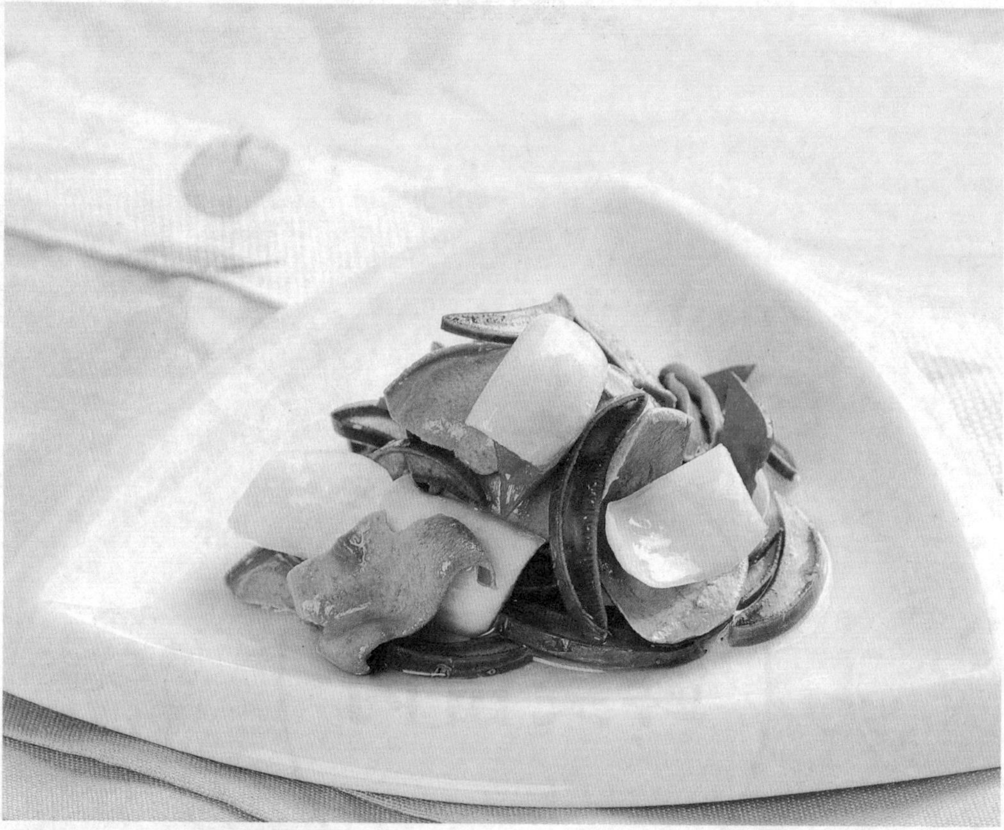

芦荟拌腰花

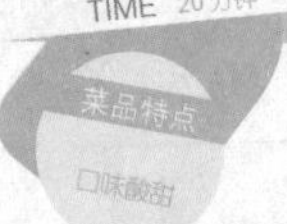

TIME 20分钟

视觉享受：★★★★
味觉享受：★★★★
操作难度：★★★

菜品特点
口味酸甜

主料： 鲜猪腰100克，芦荟100克，百合50克

配料： 花椒油10克，白醋10克，姜汁10克，白糖10克，食盐5克，花椒粒、姜片、绍酒各适量，红椒片少许

操作步骤

①将猪腰切去腰臊，斜刀切成腰片，冲洗干净，加入姜汁、绍酒浸泡1~2小时去其怪味。

②锅内烧沸水，投入花椒粒煮成花椒水，下入姜片及腰片，焯水至变色捞出，过凉水，沥水备用。

③芦荟削去两边的刺洗净，百合洗净，分别焯水后投凉，沥干水分，改刀切成片。

④猪腰、芦荟、百合、红椒片放入碗中，淋入以花椒油、白醋、白糖、食盐、姜汁调成味汁，拌匀即可。

操作要领

猪腰的腰臊一定要去净，焯水时间不宜太长，否则会老。

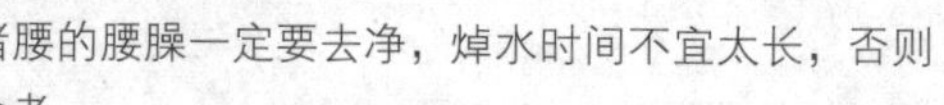

营养贴士

猪腰子具有补肾气、通膀胱、消积滞、止消渴之功效。

视觉享受：★★★ 味觉享受：★★★★ 操作难度：★★

腊肠拌年糕

TIME 15分钟

主料：年糕200克，腊肠100克

配料：食盐5克，鸡精3克，红椒、青椒各1个，白醋、姜汁、橄榄油各适量

操作步骤

①腊肠放入蒸锅中蒸熟，取出晾凉，斜刀切成薄片；青、红椒洗净，斜切成段，焯熟。

②年糕放在清水中浸泡半小时，捞出焯水，投凉后沥干水分。

③腊肠、年糕、青椒、红椒放入盘中，淋入以橄榄油、姜汁、鸡精、食盐、白醋调好的味汁，拌匀即可。

操作要领

腊肠先蒸熟再切可保持营养成分不流失。

营养贴士

腊肠辅以秘制香料，肉料配比和火候掌控得恰到好处，口感醇厚有嚼劲儿，回味长久。

主料：牛肚200克，干豇豆50克

配料：红椒50克，辣椒油15克，白醋15克，白糖10克，食盐5克，鸡精、香油各3克，葱段、姜片、料酒各适量

操作步骤

①干豇豆洗净，放入水中煮5分钟，捞出过凉水浸泡待用。

②牛肚洗净，用清水、葱段、姜片、料酒白煮，捞出晾凉。

③晾凉的牛肚切丝，红椒切丝，干豇豆沥干水分，一起放入盘内，调入辣椒油、白醋、白糖、食盐、香油、鸡精拌匀即可。

操作要领

在清水白煮的时候不要放盐，只加葱、姜、料酒去腥即可。

营养贴士

牛肚中含有大量的钙、钾、钠、镁、铁等元素和维生素A、维生素E、蛋白质、脂肪等成分。

视觉享受：★★★ 味觉享受：★★★★ 操作难度：★★★

干豇豆拌肚丝

TIME 20分钟

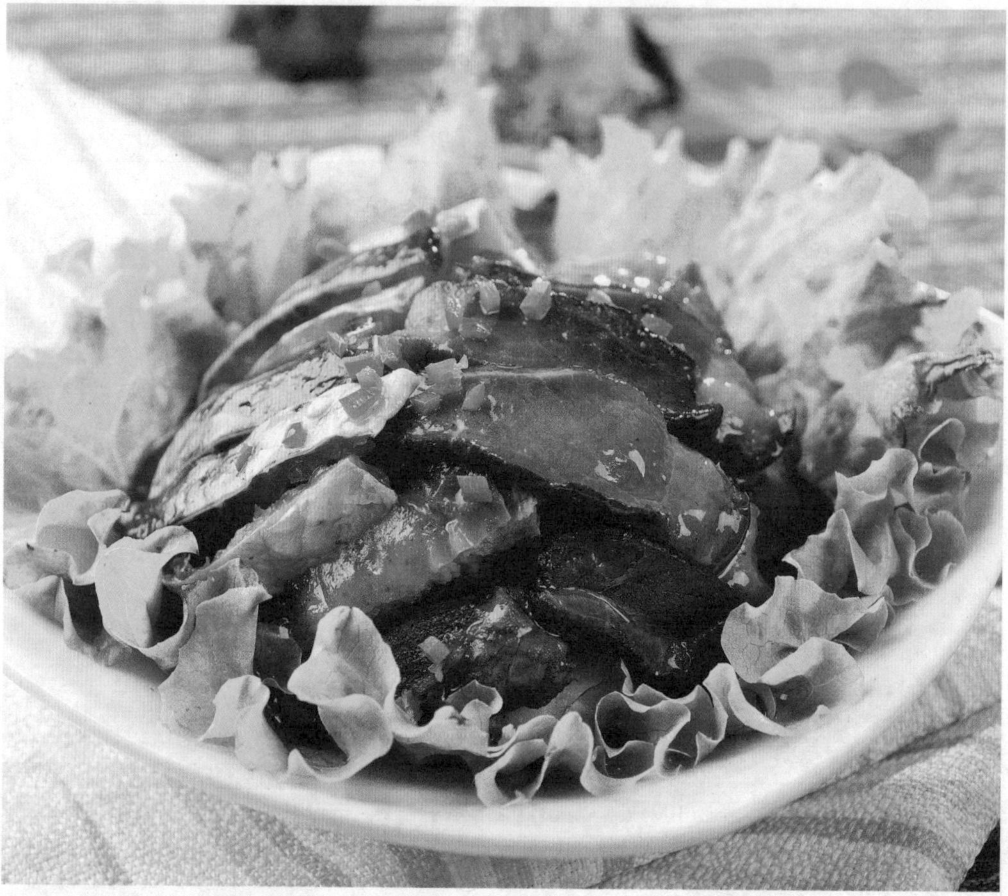

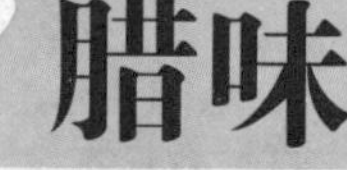

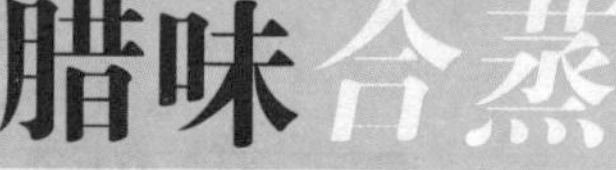

腊味合蒸

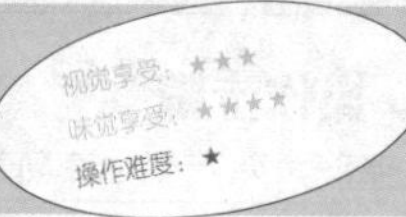

TIME 20分钟

视觉享受：★★★
味觉享受：★★★★
操作难度：★

菜品特点
鲜香美味

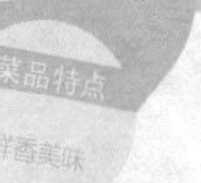

主料： 腊猪肉50克，腊鱼肉50克

配料： 生菜叶4片，红椒1个，白醋、姜汁、香油各适量

操作步骤

①主料中的腊味，切片，入锅蒸熟；红椒切粒备用。

②生菜洗净，控干水分后放入盘底，作为装饰。

③切成片的腊味放在生菜上面，淋上白醋、姜汁、香油拌匀，撒上红椒粒点缀即可。

操作要领

腊味中已有很高的盐分，不需要再放盐。

营养贴士

腊肉是以脂肪很高的肥猪肉制成的，而且在腌制时加入了不少食盐，因此，腊味其实是一种高脂肪、高胆固醇及高盐的食物。

视觉享受：★★★★　味觉享受：★★★★　操作难度：★★

红油猪耳

主料： 卤猪耳 300 克

配料： 青椒、红椒、葱白各 50 克，辣椒油 30 克，食盐 5 克，鸡精 3 克，生抽、白糖、香醋、花椒粉各适量，香菜叶少许

操作步骤

①卤猪耳切丝；青椒、红椒、葱白切丝；香菜洗净切段。

②取一个小碗，依次放入辣椒油、花椒粉、食盐、鸡精、生抽、香醋、白糖拌匀。

③猪耳、青椒、红椒、葱白丝放入碗中，加入调料拌匀，点缀香菜叶即可。

操作要领

耳丝在切的时候不要太薄，否则容易断。

营养贴士

猪耳含有蛋白质、脂肪、碳水化合物、维生素及钙、磷、铁等，具有健脾胃的功效。

主料： 猪手适量

配料： 酱油 100 克，葱 50 克，姜 20 克，食盐 10 克，大料、桂皮、花椒各 5 克

操作步骤

①猪手用火烧一下，放入温水内泡一会，刮净污物洗净；葱切成段；姜切成块，拍破。

②猪手放入开水锅内，烫一下捞出，用凉水过凉。

③猪手再放入锅内，加水（以没过肉为佳）、酱油、食盐、大料、桂皮、花椒、葱段、姜块，开后中小火焖熟，转旺火收汁，自然晾凉，捞入盘内即成。

操作要领

猪手下锅之前，一定要清理干净。

营养贴士

此菜具有补血、通乳等功效。

视觉享受：★★★　味觉享受：★★★★　操作难度：★★

酱猪手

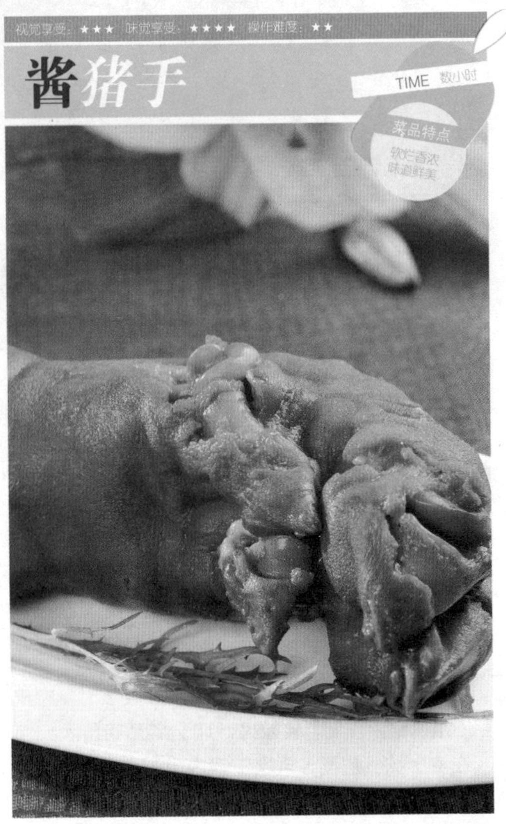

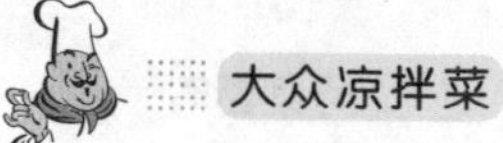

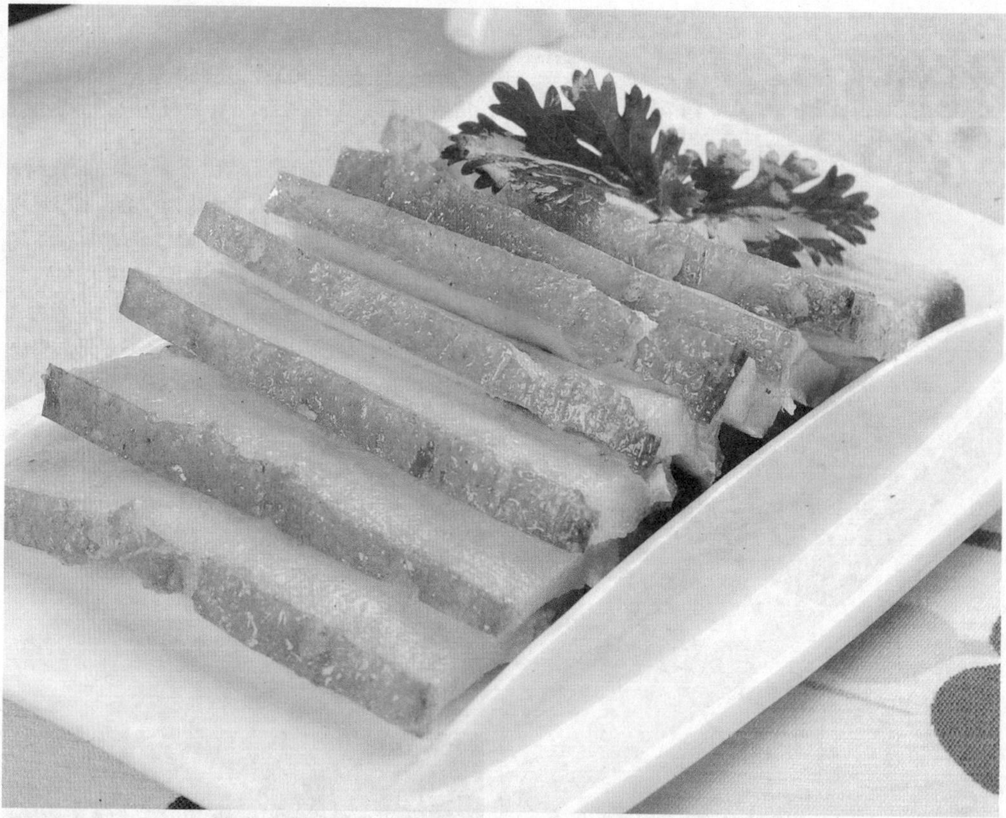

小酥肉

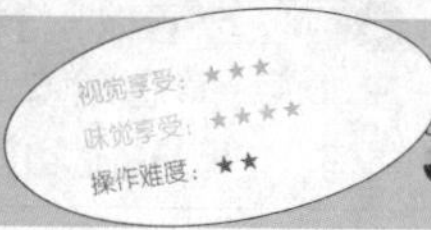

TIME 3小时

视觉享受：★★★
味觉享受：★★★★
操作难度：★★

菜品特点
色泽棕黄
光润发亮

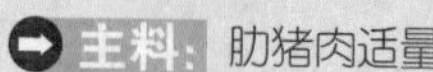

主料： 肋猪肉适量

配料： 葱段、姜片、花椒、八角、精盐、黄酒、味精、花生油、甜面酱、醋各适量

操作步骤

①带皮肋猪肉切成6厘米左右宽的片，在汤锅内旺火煮透捞出，再用葱段、姜片、花椒、八角、精盐、甜面酱、黄酒、味精和适量原汤，浸淹2小时，上笼用旺火蒸至八成熟，取出晾凉。

②炒锅置旺火上，加花生油，烧至五成热时，肉皮朝下放入锅内炸制，转微火，10分钟后捞出。

③在皮上抹一层醋，再次下锅内炸制，反复3次，炸至肉透，皮呈金黄色时捞出，控油晾凉。

④猪肉切成0.6厘米厚的片，整齐码盘，上菜时带甜面酱即可。

操作要领

在腌制过程中要翻两次身以利于入味。

营养贴士

猪肉含有丰富的优质蛋白质和必需的脂肪酸。

视觉享受：★★★ 味觉享受：★★★★ 操作难度：★★★

广式腊肠卷

TIME 20分钟

菜品特点 鲜香可口

主料： 面粉250克，腊肠150克

配料： 泡打粉4克，酵母2克，白糖20克，猪油2.5克，牛奶50克，水75克

操作步骤

①面粉加入配料和成面团，醒10分钟后再揉光，揪成45克左右的剂子，搓长条，长度要为腊肠的3倍左右。

②面条缠绕在腊肠上，两头留空，卷好。

③卷好的腊肠卷放入水开后的蒸锅中，蒸10分钟即可出锅，晾凉后即可食用。

操作要领

蒸的时候不能有太多的蒸汽损失，如果盖不严，蒸汽大出，就要用毛巾或用湿纸巾盖在出气的缝隙处。

营养贴士

腊肠可开胃助食，增进食欲。

视觉享受：★★★ 味觉享受：★★★ 操作难度：★★

椒油肉渣芸豆

TIME 15分钟

菜品特点 清爽脆嫩 美味适口

主料： 芸豆150克，猪肉100克

配料： 胡萝卜30克，海米20克，麻椒油10克，白醋15克，食盐5克，鸡精3克，葱白丝、植物油各适量

操作步骤

①海米用温开水泡发，捞出沥干水分。

②芸豆洗净切丝，放入沸水中焯水至断生，捞出过凉水，沥干水分；猪肉洗净切丁；胡萝卜洗净切丝。

③锅中放入少许植物油，烧热后放入猪肉丁，转小火，慢慢煎制，直至逼出里面的猪油，肉变为焦黄色，下入海米略翻炒，捞出控油，晾凉。

④所有食材全部放入碗中，加入麻椒油、白醋、葱白丝、食盐、鸡精，拌匀即可。

操作要领

在炼油渣的时候，一定要使用小火，否则猪肉容易焦煳。

营养贴士

油渣仍含有大量的动物脂肪，因此食用量不宜过多。

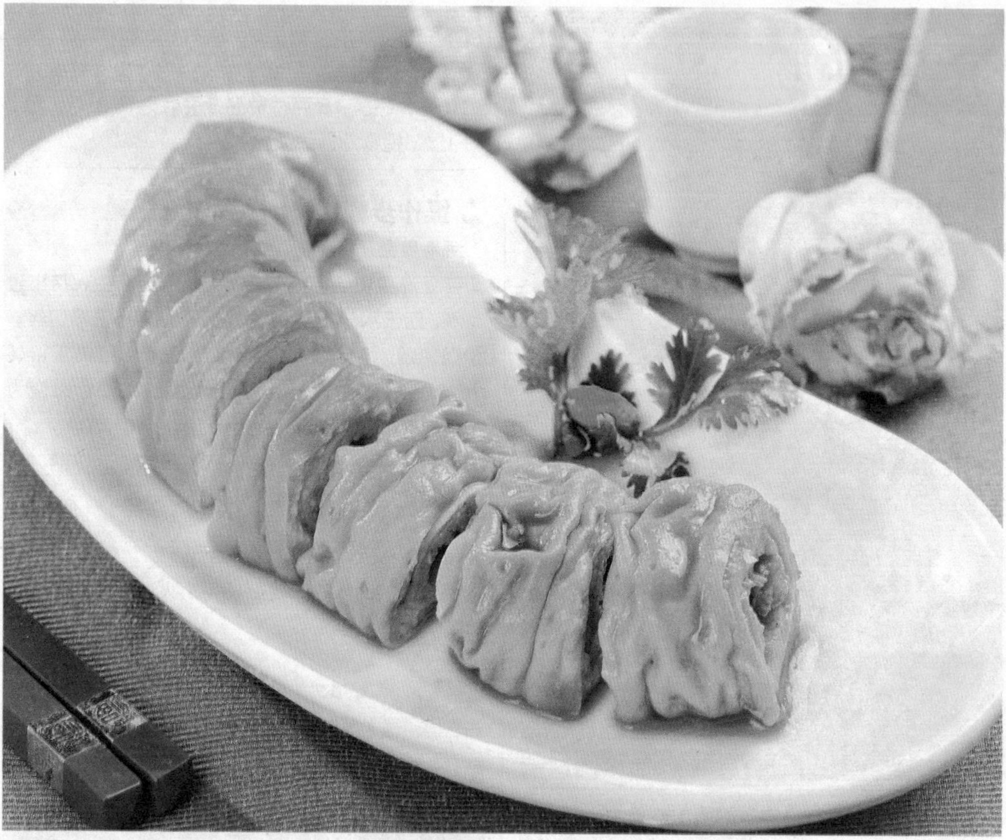

五香卤大肠

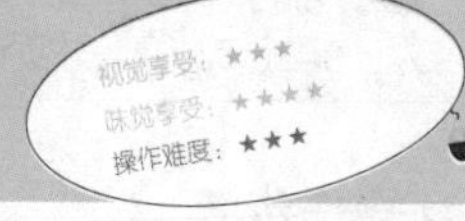

TIME 1小时

视觉享受：★★★
味觉享受：★★★★
操作难度：★★★

菜品特点
口感醇香

主料： 大肠头750克

配料： 酱油30克，白酒25克，生抽、姜汁各15克，食盐10克，甘草5克，桂皮5克，八角2粒，南姜片25克

操作步骤

①先把大肠头洗干净，用滚水滚熟，过冷水，控干水分。

②锅里加清水，放入酱油、食盐、白酒、南姜片、甘草、桂皮、八角，滚时投入大肠，用慢火卤制，用筷子可以扎入即可关火。

③大肠在锅内自然晾凉，捞出切成段，淋入生抽、姜汁调成的汁即可。

操作要领

在洗的过程中，猪大肠一定要进行认真、反复清洗。

营养贴士

猪大肠性寒，味甘，有润肠，去下焦风热，止小便频数的作用。

视觉享受：★★★ 味觉享受：★★★ 操作难度：★★

炝猪肝

TIME 15分钟

菜品特点

卤香浓郁 肝香味美

主料： 猪肝200克，鲜笋200克，黄瓜200克

配料： 生抽、白醋各15克，鸡精3克，食盐3克，香油5克，胡萝卜、植物油各适量，花椒少许

操作步骤

①猪肝洗净，切片，入开水中焯水至熟；鲜笋、黄瓜、胡萝卜切片，焯水备用。

②猪肝片、鲜笋片、黄瓜片、胡萝卜片放入碗内，加入生抽、白醋、鸡精、食盐、香油。

③锅中放入少许植物油，下入花椒炸香，浇到主料中，拌匀即可。

操作要领

在焯制猪肝的时候一定要注意火候，不然很容易老。

营养贴士

猪肝中含有丰富的维生素A，具有维持正常生长和生殖机能的用处；能保护眼睛，维持正常视力，有效地防止眼睛干涩、疲劳。

主料： 牛百叶300克

配料： 白醋15克，食盐5克，白糖3克，辣椒油5克，葱白、香菜、青椒、红椒、白芝麻各适量，胡椒粉、麻油各少许

操作步骤

①牛百叶焯水捞出，控干水分，切细丝，放入小碗中备用。

②青椒、红椒、葱白切成细丝；香菜切段。

③用白醋、麻油、辣椒油、食盐、胡椒粉、白糖调成味汁，浇在百叶上。

④切好的香菜、青椒、红椒、葱白丝、白芝麻撒到百叶上，拌匀即可。

操作要领

牛百叶下锅，要在沸腾之前烹入料酒，否则百叶越煮越老。

营养贴士

牛百叶含蛋白质、脂肪、钙、磷、铁、硫胺素、核黄素等，具有补益脾胃、补气养血的功效。

视觉享受：★★★ 味觉享受：★★★ 操作难度：★★

麻香椒油百叶

TIME 10分钟

菜品特点

麻椒味浓 鲜香可口

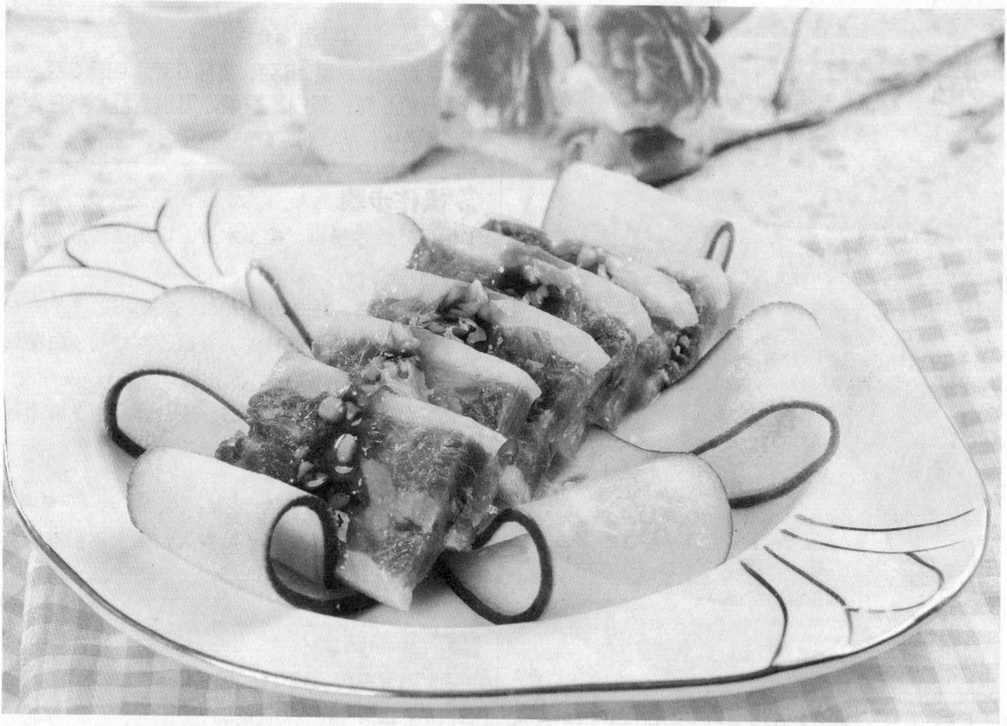

冻肘子

TIME 数小时

菜品特点
不碎不散
卤香绵长

视觉享受：★★★
味觉享受：★★★★
操作难度：★★★

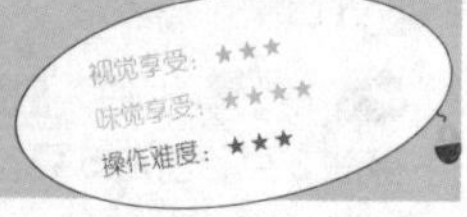

主料： 猪肘 500 克，黄瓜 100 克

配料： 葱段、姜片、蒜瓣、蒜末、料酒、生抽、白糖、香醋各适量，八角 2 粒，香叶 2 片，茴香 1 小把，桂皮 1 块，食盐、鸡精各 5 克，香油少许

操作步骤

①猪肘放入锅中汆烫，去除血水后捞出。

②锅中放入猪肘和足量的清水，放入葱段、姜片、蒜瓣、八角、香叶、茴香、桂皮煮开，再加入生抽、料酒、适量食盐，加盖用大火烧开后转小火卤 2 小时。

③猪肘稍凉后捞出，用刀将肘子的一面破开，剔除骨头，再把肘子卷起来，用保鲜膜包裹严实，放入冰箱，冷藏半天即可定型，然后拆掉包装，切成方形片。

④黄瓜洗净，切成长片后摆盘，冻肘与黄瓜一同摆放入盘中。

⑤取一个小碗，加入蒜末、生抽、香醋、白糖、鸡精、香油混合均匀调成味汁，浇在冻肘上即可。

操作要领

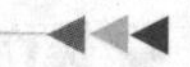

如果没有保鲜膜，也可用纱布和棉线将去骨肘子捆扎后进行冷藏。

营养贴士

黄瓜含有丙醇二酸、葫芦素及柔软的细纤维等成分，是美容养颜的首选。

视觉享受：★★★　味觉享受：★★★★　操作难度：★★★★

川味风干肠

TIME 数天

主料： 猪肉（后臀肉去皮）适量

配料： 猪小肠、食盐、鸡精、花椒、胡椒面、辣椒面、白酒、白糖各适量

操作步骤

①将去皮猪肉用温水洗净，将肉表面的水沥干，肥、瘦肉分开，分别切成 1 厘米的肉丁，再分别装入不同的瓷罐里。

②放入食盐、鸡精、花椒、胡椒面、辣椒面、白酒、白糖等调料搅拌均匀，盖上盖子腌渍 8~10 小时。

③将小肠从内至外清洗干净，制成肠衣。

④将肥、瘦肉混合搅拌均匀，灌入肠衣内，每隔 10~20 厘米用细绳扎成一小节，把多余的水和空气赶出去，之后拿出去在阳光充足的地方暴晒 3~4 天，再挂到通风的高处或是屋檐下风干，15 天左右便可蒸熟切片，装盘食用。

操作要领

清洗肠衣时可放入少许食盐和碱，但也不要过多，否则会使小肠变脆，在灌肠时容易破。

营养贴士

猪肉具有补虚强身、滋阴润燥、丰肌泽肤的作用。

主料： 猪腰 300 克（熟）

配料： 生菜、香油、白芝麻、花椒油、大葱、红椒各少许，白醋适量，鸡精 5 克

操作步骤

①将卤好的猪腰切片，整齐地放在以生菜垫底的盘中；大葱取叶与葱白，分别切丝；红椒切粒。

②取一小碗，加入鸡精、花椒油、香油、白醋调和成汁，浇在猪腰上，再撒上白芝麻、葱丝、红椒粒即可。

操作要领

猪腰在卤制的过程中已经放过食盐，所以这道菜不需要放食盐。

营养贴士

猪腰肉质细嫩，胆固醇含量少而且营养美味。

视觉享受：★★　味觉享受：★★★★　操作难度：★★

白灼猪腰

TIME 5 分钟

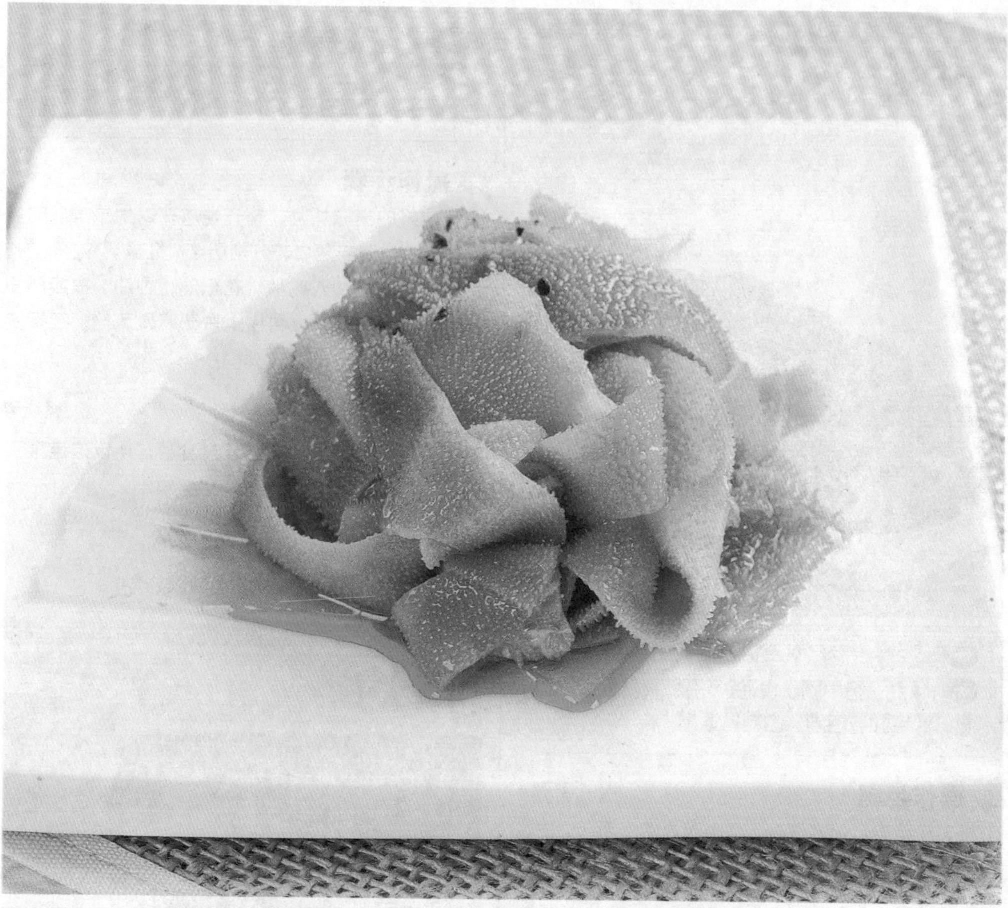

麻辣毛肚

TIME 30分钟

视觉享受：★★★
味觉享受：★★★★
操作难度：★★★

菜品特点
中辣爽口
嚼劲十足

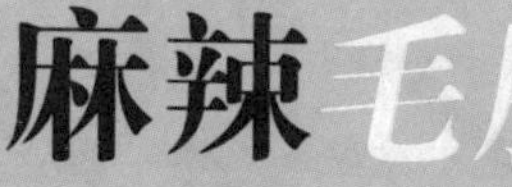

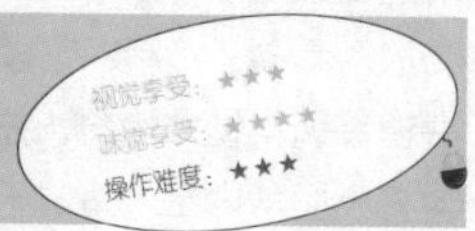

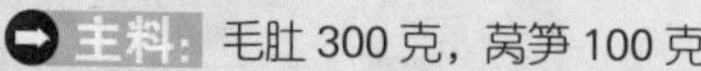

主料： 毛肚 300 克，莴笋 100 克

配料： 大蒜、辣椒油各适量，食盐、鸡精、白糖各 5 克，香油、麻油各少许

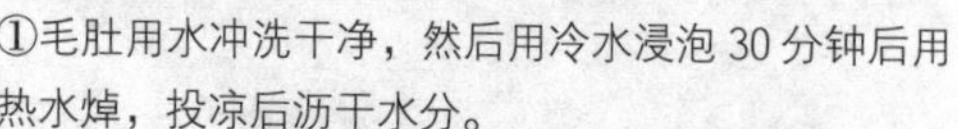

操作步骤

①毛肚用水冲洗干净，然后用冷水浸泡 30 分钟后用热水焯，投凉后沥干水分。

②莴笋切成片，焯水后摆入盘中，大蒜切成末。

③将蒜末、食盐、麻油、香油、辣椒油、鸡精、白糖调成汁，浇在毛肚上，拌匀即可。

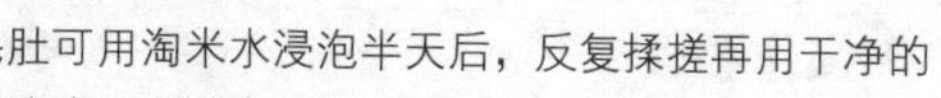

操作要领

毛肚可用淘米水浸泡半天后，反复揉搓再用干净的水清洗，这样效果更好。

营养贴士

毛肚含蛋白质、脂肪、钙、磷、铁、硫胺素、核黄素等，具有补益脾胃、补气养血、补虚益精、消渴、风眩之功效。

视觉享受：★★★ 味觉享受：★★★ 操作难度：★★

牛肚拌金针

TIME 30分钟

主料： 牛肚200克，金针菇100克

配料： 胡萝卜50克，香芹30克，料酒30克，白醋15克，白糖10克，食盐5克，鸡精3克，葱段、姜片各适量

操作步骤

①牛肚用食盐反复搓洗，去掉黏性物质，锅中烧开水，加入葱段、姜片、料酒中火煮熟，捞出晾凉。

②胡萝卜洗净，切丝；香芹洗净，切段；金针菇去除根部，洗净切段。

③锅中烧水，分别下入金针菇、胡萝卜、香芹焯水至断生，捞出过凉水，沥干水分。

④所有食材放入碗中，加入剩余调料拌匀即可。

操作要领

煮牛肚时，在水中加入葱段、姜片、料酒，目的是去除腥味。

营养贴士

牛肚适宜病后虚羸、气血不足、营养不良、脾胃薄弱的人食用。

主料： 牛肚250克，青辣椒100克

配料： 食盐5克，白糖3克，醋10克，鸡精5克，香油、酱油各少许

操作步骤

①牛肚用清水煮熟，晾凉，切丝；青辣椒洗净，切丝。

②将牛肚丝和青辣椒丝放入盘内，调入以香油、酱油、醋、食盐、白糖、鸡精调成的汁，浇在肚丝上，拌匀即可食用。

操作要领

煮牛肚之前，先用清水把牛肚表面污垢、黏膜洗净，然后加入食盐100克、玉米面 100克、食醋30克，搓洗15分钟后冲洗2遍，就可以煮了。

营养贴士

牛肚具有补益脾胃、补气养血、补虚益精的功效。

视觉享受：★★★ 味觉享受：★★★★ 操作难度：★★★

青辣椒拌肚丝

TIME 20分钟

松仁小肚

TIME 30分钟

菜品特点
肉质鲜嫩
肥而不腻

主料： 去皮猪五花肉500克，小肚适量

配料： 松仁50克，淀粉80克，砂仁、花椒粉各5克，姜末30克，食盐10克，鸡精5克，香油10克，白糖100克

操作步骤

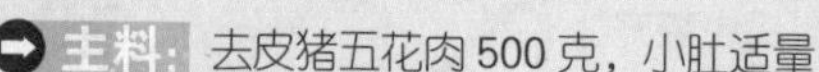

①五花肉洗净，切成大约长5厘米、宽3厘米、厚1厘米的片，放入一个大碗内，加入除白糖、锯末外的配料以及适量清水拌匀，不停搅拌直至馅料成黏性状态。

②肚皮洗净，控干水分，灌入七成左右的肉馅，扎好皮口，捏均匀后压扁；剩余肉馅按此做法灌好。

③灌好后洗净肚皮表面，放入加有食盐的沸水锅中，水开后改中小火，其间每半小时左右扎针放气一次，控尽肚内油水，并翻动几次，撇除浮沫，煮制大约2小时后关火。

④熏锅内放入白糖，小肚装入熏屉进行熏制，8分钟后出锅晾凉，食用时切片摆盘即可。

操作要领

在灌肉馅时最好搅拌一下，以避免肉馅出现沉淀。

营养贴士

猪肉含有丰富的优质蛋白质和必需的脂肪酸。

视觉享受：★★ 味觉享受：★★★ 操作难度：★★★

绿豆冻肘

TIME 数小时

菜品特点 口感爽滑 劲道十足

主料： 去骨猪肘500克，猪蹄1个，绿豆100克

配料： 葱段15克，姜片10克，香料包1个，食盐适量

操作步骤

①锅内放入适量清汤，放入猪肘、猪蹄、包有绿豆的纱布包、葱段、姜片、食盐、香料包煮开，撇去浮沫。

②肉质酥烂以后取出绿豆包，捞出猪肘、猪蹄及其他材料。

③肘子晾凉，连皮切条，将绿豆包打开，取出绿豆，与肘肉一起放回锅内，继续熬煮，至汤汁有浓稠感即可，凉透切长方形块，盛盘。

操作要领

焖煮肘肉时一定要用小火。

营养贴士

猪肉皮含有蛋白质、脂肪及硫酸皮肤素B，具有保健美容的作用。

主料： 牛蹄筋（泡发）200克，黄豆芽150克

配料： 香芹50克，酱油20克，食盐5克，花椒5粒，八角3粒，桂皮3克，香叶5克，葱段、姜块、蒜末各20克，白糖10克，料酒15克，鸡精、白醋、香油各适量，青、红椒丝少许

操作步骤

①牛蹄筋切成2厘米的方块，放入锅内，加入香料包（八角、桂皮、香叶）、花椒、葱段以及姜块、清水，开大火，水烧开时，转小火烧10分钟，加入白糖、料酒、食盐、鸡精以及酱油，转小火煮5分钟即可。

②黄豆芽去除根部洗净，香芹洗净，切段，分别放入沸水锅中焯一下，捞出投凉沥干。

③牛蹄筋、黄豆芽、香芹、青椒丝、红椒丝放入碗中，以食盐、蒜末、白醋、香油调成汁，淋到主料中拌匀即可。

操作要领

牛蹄筋煮的时候应冷水下锅，以去除血水及腥气。

营养贴士

蹄筋有益气补虚、温中暖中的作用。

视觉享受：★★★ 味觉享受：★★★★ 操作难度：★★★

牛蹄筋拌豆芽

TIME 1小时

菜品特点 牛筋软韧 晶莹剔透

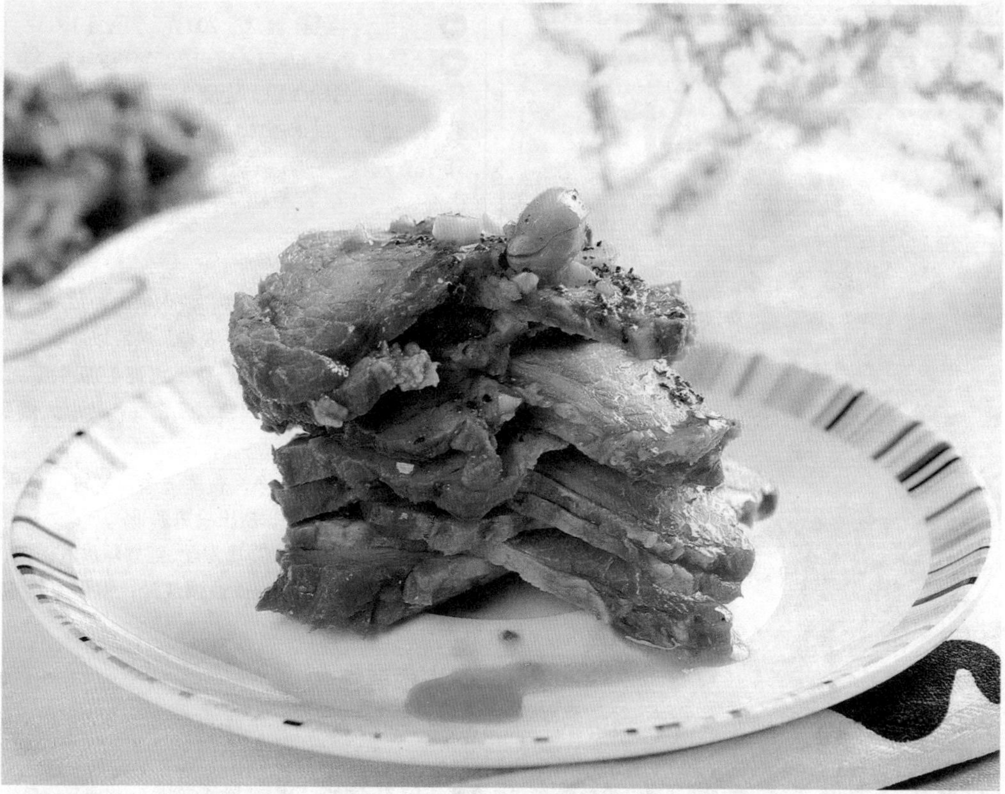

果仁拌牛肉

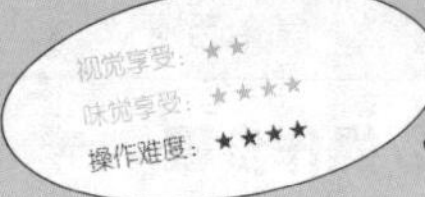

TIME 2小时

视觉享受：★★
味觉享受：★★★★
操作难度：★★★★

菜品特点
微酸可口
肉质鲜美

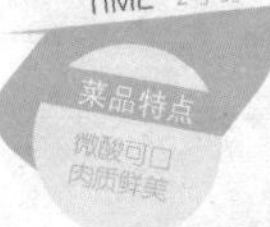

主料： 牛肉500克

配料： 油炸花生米（去皮）50克，葱段、姜片各30克，花椒8粒，干辣椒2个，香叶2克，小茴香5克，鸡精3克，白醋15克，辣椒油、食盐、姜末、蒜末各适量，椒盐少许

操作步骤

①牛肉洗净，用冷水浸泡1小时，取出后放入汤锅中加冷水没过牛肉，小火烧开，撇去浮沫，加入葱段、姜片、花椒、干辣椒、香叶、小茴香、食盐，小火焖60分钟即可关火，在卤汁中晾凉。

②牛肉切片，摆入盘中，淋入以花生米、姜末、蒜末、椒盐、鸡精、辣椒油、白醋调成的味汁，拌匀即可。

操作要领

牛肉必须用冷水慢慢烧开，然后用小火焖制，否则不易熟烂。

营养贴士

牛肉营养丰富，对贫血、产后气血两虚、营养不良的人群有很大裨益。

川卤牛肉

主料： 牛肉 500 克

配料： A：香叶 5 片，甘草 4 片，陈皮 2 片，八角 2 颗，桂皮 1 段，草果 1 颗，小茴香、花椒、干辣椒各适量

B：冰糖 15 克，豆瓣酱 15 克，生抽、老抽各 30 克，食盐、料酒各 15 克，五香粉 5 克，姜片、葱白各适量

操作步骤

①牛肉洗净，用清水浸泡半小时去除血水，捞出洗净改刀切成 4 块，冷水入锅焯水，捞出后投凉，洗净浮沫。

②将牛肉放入汤锅中，用纱网包好配料 A，投入锅中，加适量清水盖上锅盖，大火煮 15 分钟，加入配料 B，转小火继续煮 1 小时至牛肉熟烂，关火，牛肉浸在卤水中自然冷却，食用时切成小块装盘即可。

操作要领

牛肉煮好后，浸在卤水中晾凉能够更加入味。

营养贴士

牛肉中氨基酸组成与人体需要更加接近，能提高机体抗病能力。

主料： 猪腰 300 克

配料： 黄瓜、冬笋各 50 克，花椒 10 粒，鸡精、食盐各 5 克，植物油、葱花、姜末、白醋、花雕酒各适量，高粱酒、香油各少许

操作步骤

①腰花撕去表面的皮膜，对半剖开，片去中间的筋膜和血块，切成薄片，冲洗至无血水，再用加了花椒的清水和高粱酒略泡，捞出，沥水。

②腰片入沸水锅中，加少许食盐焯熟，捞出投凉，沥水；黄瓜、冬笋洗净切片，冬笋焯熟，投凉，沥水。

③腰片、黄瓜、冬笋放入碗中，锅中加少许植物油，下入葱花爆香，加入花雕酒、鸡精、食盐，煮滚后浇到腰片上，再加入白醋、香油、姜末拌匀即可。

操作要领

腰花要够嫩才好吃，所以焯水的时间要短。

营养贴士

猪腰含有蛋白质、脂肪、碳水化合物、钙、磷、铁和维生素等营养物质。

花雕炝腰片

家常拌猪耳

TIME 5分钟

视觉享受：★★★
味觉享受：★★★
操作难度：★★★

菜品特点
柔韧且脆
味道鲜香

主料： 卤猪耳 300 克，莴笋 100 克

配料： 香油、豆豉酱、白醋、花椒油、蒜末各适量，食盐 3 克，鸡精 3 克

操作步骤

①卤猪耳切成丝。

②莴笋去皮洗净，切成细丝，焯水后投凉，沥干水分，与猪耳摆好盘。

③取一个小碗，放入白醋、豆豉酱、蒜末、花椒油、鸡精、香油、少许食盐搅拌均匀，浇在在猪耳上即可。

操作要领

猪耳要片去肥腻的部分，肥腻部分可用作他用。

营养贴士

猪耳含有蛋白质、脂肪、碳水化合物、维生素及钙、磷、铁等，具有补虚损、健脾胃的功效，适于气血虚损、身体瘦弱者食用。

海蜇拌腰条

主料： 猪腰（已处理）300克，海蜇条50克

配料： 红椒、蒜薹各50克，高粱酒30克，香油、料酒、姜片、蒜末各10克，生抽15克，食盐5克，鸡精3克，花椒适量，蒸鱼豉油、胡椒粉各少许

操作步骤

①猪腰洗净，先切片，斜切花刀，再切成条，用加有花椒、高粱酒的水略泡，放入沸水锅中划散，待腰花变色时捞出沥水。

②海蜇条在清水中浸泡3小时，洗净，放入沸水中快速焯一下，捞出投凉，控水。

③蒜薹洗净切段，焯水，捞出控干；红椒洗净切条。

④所有食材放入碗中，加入剩余配料，拌匀即可。

操作要领

腰花焯水的时间要短，这样才能保证香嫩口感。

营养贴士

猪腰具有补肾气、通膀胱、消积滞、止消渴之功效。可用于治疗肾虚腰痛、水肿、耳聋等症。

主料： 牛肉500克

配料： 韩式辣椒酱、白糖、酱油、味精、麻椒粉、盐、芝麻各适量

操作步骤

①牛肉洗净，在开水锅内煮熟，捞起晾凉后切成片。

②将牛肉片盛入碗内，先下盐拌匀，使之入味，接着放韩式辣椒酱、白糖、酱油、味精、麻椒粉再拌，最后撒上芝麻，拌匀盛入盘内即成。

操作要领

也可用花生来代替芝麻，只是要将花生碾碎。

营养贴士

寒冬食牛肉，有暖胃作用，为寒冬补益之佳品。

麻辣牛肉片

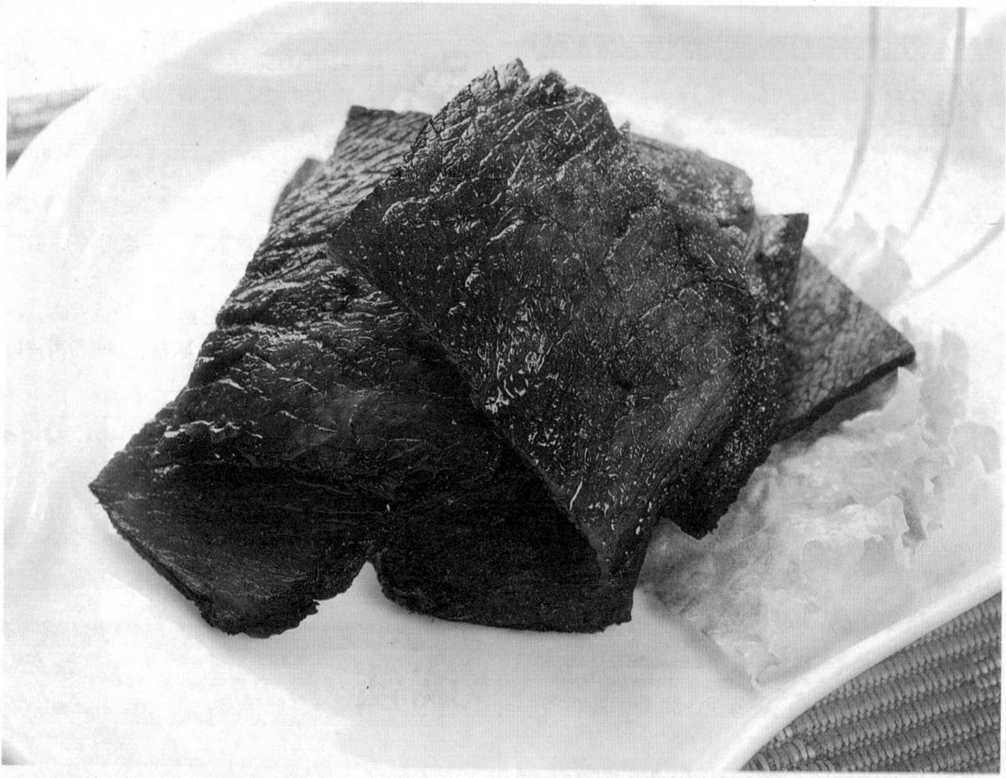

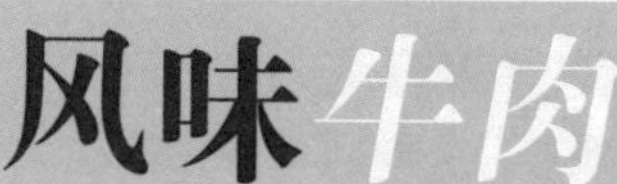

风味牛肉

TIME 2小时

视觉享受：★★★
味觉享受：★★★★
操作难度：★★★

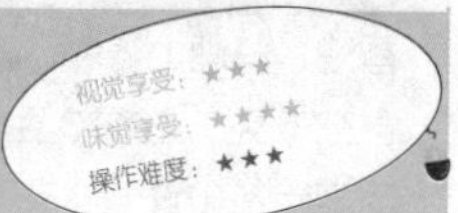

菜品特点
味道鲜美
嚼劲十足

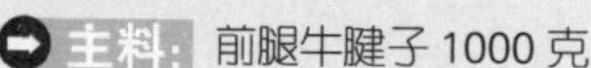

主料： 前腿牛腱子 1000 克

配料： 丁香、花椒、八角、陈皮、小茴香、甘草各少许，大葱、姜、生抽、老抽各适量，白糖、五香粉各 5 克，食盐 10 克

操作步骤

①牛肉洗净，切成 5 厘米见方的片，锅中倒入清水，大火加热后，放入牛肉，在开水中略煮一下，捞出后用冷水浸泡，让牛肉紧缩。

②将丁香、花椒、八角、陈皮、小茴香、甘草装成香料包，大葱洗净切三段，姜洗净后，用刀拍散。

③砂锅中倒入适量清水，大火加热，依次放入香料包、食盐、葱、姜、生抽、老抽、白糖、五香粉，煮开后放入牛肉，继续用大火煮约 15 分钟，转入小火到肉熟，捞出，放在通风、阴凉处放凉。

④将冷却好的牛肉，倒入烧开的原汤中小火煨半小时，煨好后盛出，冷却即可。

操作要领

牛肉第一次煮的时候一定要过一遍冷水，以增加肉的紧实感。

营养贴士

水牛肉能安胎补神，黄牛肉能安中益气、健脾养胃、强筋壮骨。

视觉享受：★★★ 味觉享受：★★★★ 操作难度：★★★

冰糖兔丁

TIME 40分钟

菜品特点：色泽红亮 肉质细嫩

主料： 兔肉250克

配料： 冰糖若干块，盐、料酒、姜、葱各适量

操作步骤

①鲜兔肉洗净，切成2.5厘米的肉丁，用盐、料酒、姜、葱腌渍入味。

②将腌渍后的肉丁放入七成热的油锅中炸至呈黄色时捞出。

③拣去姜、葱，沥去余油，放入碎冰糖炒成浅糖色，加清水、盐烧开，下肉丁，中火收汁，收完汁后，起锅淋香油。

④晾凉后点缀几块冰糖，摆盘即可。

操作要领

兔丁不宜炸制过干；冰糖不能炒得过老；用微火慢收至汁浓红亮。

营养贴士

兔肉属于高蛋白质、低脂肪、低胆固醇的肉类，它有“荤中之素”的说法。

视觉享受：★★★ 味觉享受：★★★ 操作难度：★★

辣酱麻茸里脊

TIME 15分钟

菜品特点：香嫩可口

主料： 猪里脊肉300克

配料： 香菜50克，料酒30克，辣酱30克，麻椒粉5克，白醋15克，食盐5克，鸡精3克，胡椒粉少许，姜汁、蒜茸、植物油适量，黑、白芝麻各少许

操作步骤

①猪里脊肉洗净切片，放入姜汁、料酒、食盐腌渍片刻；香菜择去根、老叶，洗净后切段，铺在碗底。

②锅中加入植物油烧热，放入猪里脊肉滑散，炒熟，捞出控油晾凉。

③晾凉的里脊肉放辣酱、麻椒粉、白醋、食盐、鸡精、胡椒粉、蒜茸，拌匀后腌渍入味，食用时撒上黑、白芝麻即可。

操作要领

猪里脊肉一定要腌渍片刻，否则会有腥味，影响口感。

营养贴士

猪肉所含蛋白质属于完全蛋白质，并且所含必需氨基酸的构成比例接近人体需要，因此易被人体充分利用。

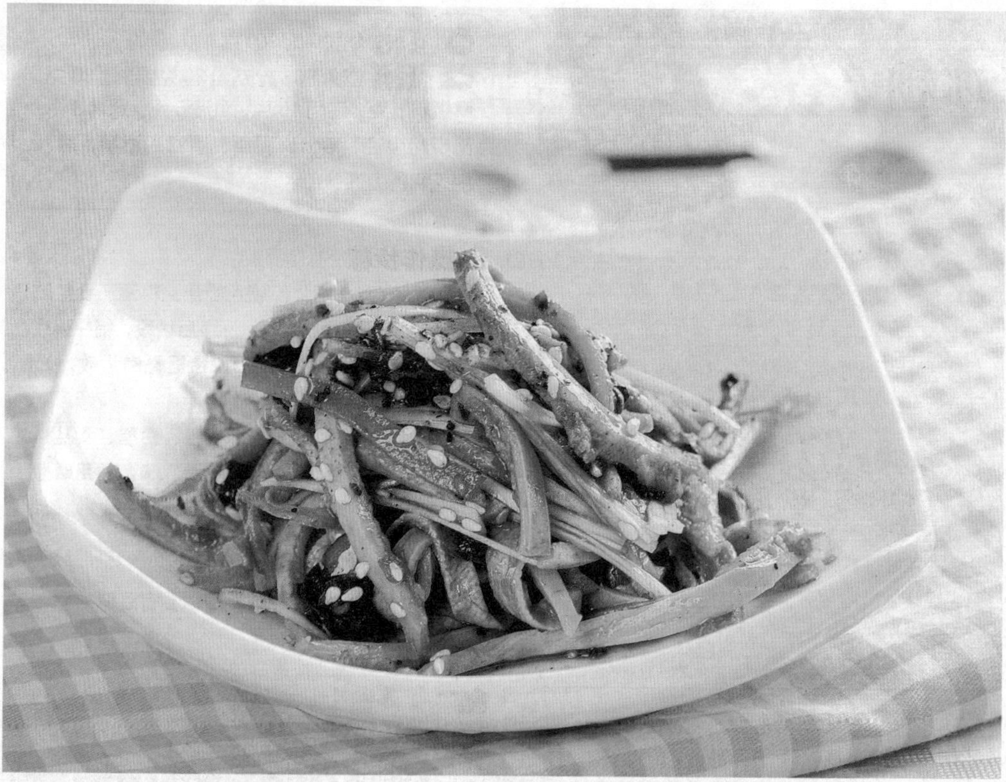

麻辣拌肚丝

TIME 10分钟

视觉享受：★★
味觉享受：★★★★
操作难度：★★★

菜品特点
鲜香可口
麻辣诱人

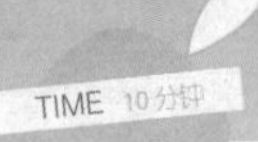

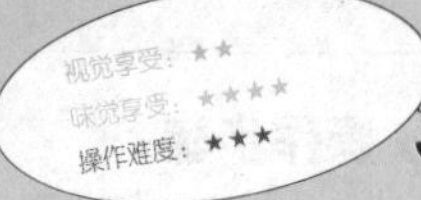

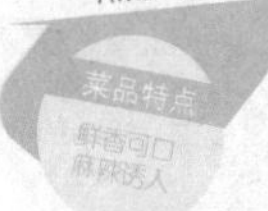

主料： 猪肚400克，青椒、红椒各50克

配料： 食盐3克，白糖4克，辣椒油、酱油、芝麻、醋各适量，大蒜3瓣，花椒粉5克，葱白5克，姜3克

操作步骤

①新鲜猪肚用食盐反复搓洗3遍以上，去掉内外的黏性物质；清水烧开，猪肚下锅中煮熟。

②大蒜切碎，姜切末；青、红椒切丝并焯水放凉；葱白切丝备用。

③将煮熟的猪肚捞出，沥干，冷却，切成条；在凉拌盆中放入酱油、醋、姜末、蒜末、葱丝、食盐、白糖、辣椒油、花椒粉、青椒丝、红椒丝拌匀装盘，撒上芝麻拌匀即可。

操作要领

也可将猪肚放入盘内，加少许鲜汤，再上笼屉稍蒸一下取出，这样既能保持肚的脆嫩、有韧性的优点，又能使肚的体积膨胀丰满，而且切出的肚丝又多又嫩。

营养贴士

猪肚具有补虚损、健脾胃的功效，适于气血虚损、身体瘦弱者食用。

视觉享受：★★★ 味觉享受：★★★ 操作难度：★★★

猪耳拌黄瓜

TIME 15分钟

主料： 黑木耳200克，猪耳朵（熟）200克，黄瓜100克

配料： 鸡精5克，白糖5克，植物油6克，食盐5克，香醋、生抽、葱、姜、蒜各适量

操作步骤

①黑木耳用冷水泡发后，剪去根蒂，撕成小朵，锅中放清水烧开后，入黑木耳汆烫3分钟捞出，用冷开水洗去表面黏液；黄瓜去皮切菱形块，备用。

②猪耳朵切片，葱、姜、蒜切末放小碗里，植物油烧热后浇在上面烹出香味，加入适量生抽、食盐、鸡精、香醋、白糖调匀成味汁。

③将黄瓜摆入盘边，作为装饰，将黑木耳与猪耳朵一起倒入盘中间，将味汁倒入，拌匀即可。

操作要领

木耳最好用温水泡发至透，黄瓜切块要适宜。

营养贴士

黑木耳可以维护细胞的正常代谢，具有延缓衰老作用。

主料： 牛肉300克

配料： 姜片、蒜片、葱段各30克，五香粉、料酒、食盐、鸡精各适量

操作步骤

①牛肉放水里浸泡2小时去血水，切成大块，焯水。

②焯过水的牛肉放入容器里，放入切好的姜片、蒜片、葱段，加适量的食盐、料酒、鸡精腌渍1小时以上。

③所有材料放入电压力锅中，加适量清水、五香粉，密封好，焖30分钟即可。

④煮好的牛肉自然晾凉，食用时切片摆盘即可。

操作要领

牛肉最好买卤制好的。

营养贴士

牛肉蛋白质含量高而脂肪含量低，所以味道鲜美，受人喜爱，享有“肉中骄子”的美称。

视觉享受：★★★ 味觉享受：★★★ 操作难度：★★★

五香牛肉

TIME 数小时

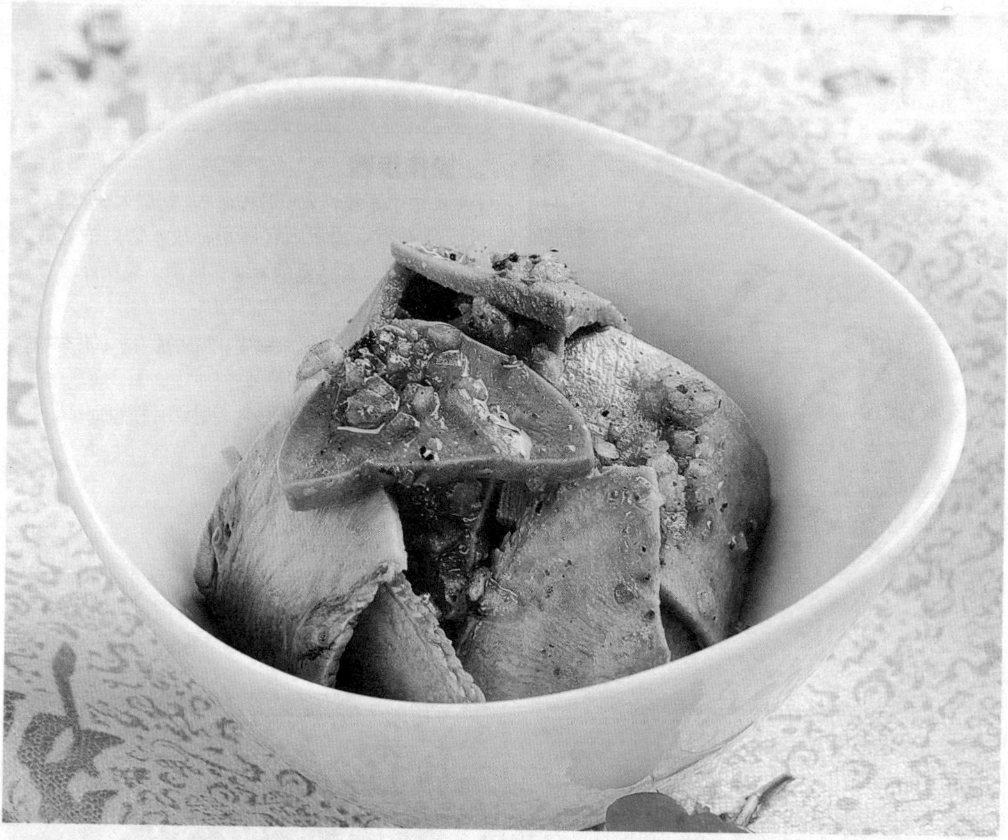

椒麻舌片

TIME 10分钟

菜品特点：鲜香不腻

视觉享受：★★★
味觉享受：★★★★
操作难度：★★

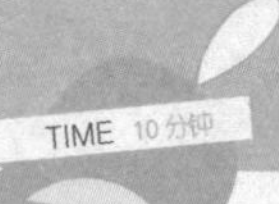

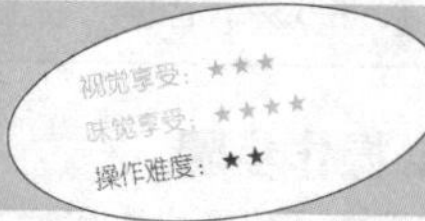

主料： 猪舌（熟）300克

配料： 辣椒油25克，葱油10克，麻椒10克，鸡精3克，白糖5克，生抽10克，白醋10克，青椒1个

操作步骤

①用锅将麻椒焙香，磨成粉粒备用；猪舌切片，放入盘中；青椒洗净，切粒。

②取一个小碗，加入鸡精、辣椒油、葱油、白糖、生抽、白醋、麻椒粉粒、青椒粒，调成汁。

③将调好的汁浇在放有猪舌的盘中搅拌均匀即成。

操作要领

新鲜猪舌头呈灰白色，包膜平滑，无异块和肿块，舌体柔软有弹性，无异味。变质的猪舌头呈灰绿色，表面发黏，无弹性，有臭味。

营养贴士

猪舌性平、味甘咸，含有较高的胆固醇，有滋阴润燥的功效。

视觉享受：★★★ 味觉享受：★★★ 操作难度：★★

黄豆拌猪尾

TIME 20分钟

菜品特点：口感劲滑 有嚼劲

主料： 猪尾250克，黄豆（泡发）200克

配料： 小油菜2棵，八角、香叶、干辣椒、桂皮、老抽、鸡精、白糖、食盐、黄酒、高汤各适量

操作步骤

①猪尾去毛洗净，斩段，焯水；锅中放高汤、食盐、鸡精、白糖、八角、香叶、干辣椒、桂皮、老抽、黄酒、黄豆、猪尾烧开，转小火焖煮半小时，汤汁收干即可出锅，晾凉备用。

②小油菜洗净切开，入沸水锅中焯水，投凉后沥干水分。

③以小油菜垫入盘底，盛入黄豆、猪尾，摆盘即可。

操作要领

猪尾在煮之前一定要焯水，以去除表面杂质以及血腥味。

营养贴士

猪尾皮多、胶质重，有补腰力、益骨髓的功效。

主料： 牛舌（熟）250克

配料： 辣椒油、白醋各15克，白糖、料酒各10克，食盐5克，香油3克，蒜末、姜末各适量，白芝麻、香菜叶各少许

操作步骤

①牛舌切成长片。

②取小碗，加入辣椒油、白醋、白糖、料酒、食盐、香油、蒜末、姜末、白芝麻调成汁。

③牛舌摆好盘，淋入调好的汁，点缀香菜叶，食用时拌匀即可。

操作要领

因牛舌为已经卤制好的，所以可以不放盐或者少放些盐，以免过咸。

营养贴士

河南人习惯上的做法是大葱扒牛舌，广东人则喜食卤牛舌，但无论何种吃法，食用牛舌具有一定的抗癌止痛、提高机体免疫功能的效果。

视觉享受：★★★ 味觉享受：★★★★ 操作难度：★★★

细油口条

TIME 15分钟

菜品特点：酸辣适口 肉质细嫩

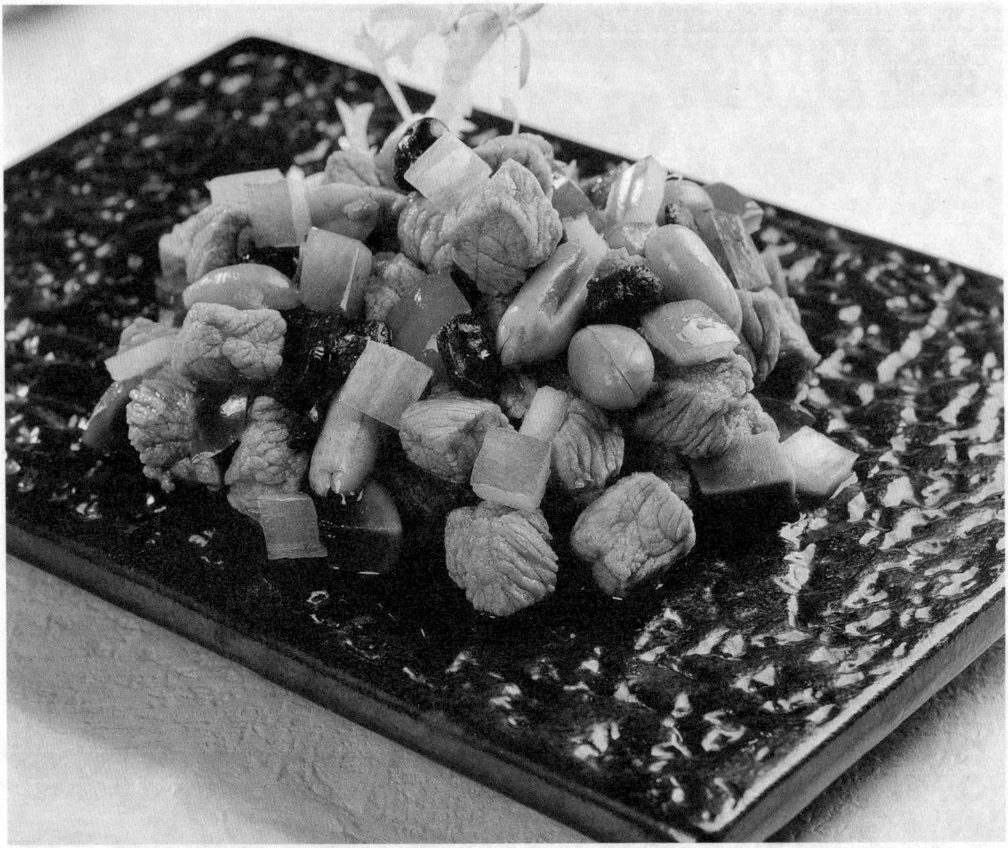

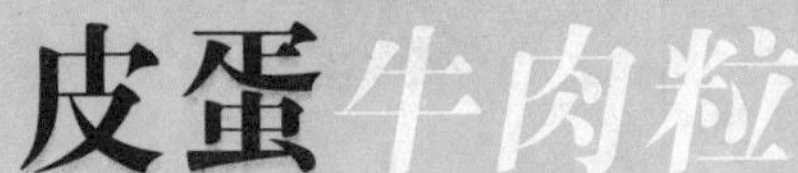

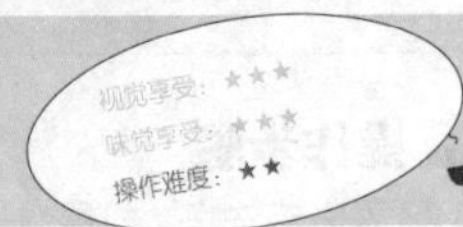

皮蛋牛肉粒

TIME 30 分钟

菜品特点：鲜嫩味美 清爽利口

视觉享受：★★★
味觉享受：★★★
操作难度：★★

主料： 牛肉 200 克，皮蛋 1 个

配料： 油炸花生米（去皮）、青椒、红椒、洋葱各 50 克，豆豉酱 15 克，食盐 5 克，鸡精 3 克，白醋适量，白糖 5 克，橄榄油少许

操作步骤

①牛肉洗净，切成小块，用料酒、食盐腌渍 15 分钟；皮蛋、青椒、红椒、洋葱改刀，切成与牛肉大致相当的块。

②牛肉放入沸水锅中焯熟，沥干水分，晾凉。

③所有食材放入碗中，加入豆豉酱、白醋、鸡精、白糖、食盐、橄榄油，拌匀即可。

操作要领

牛肉也可以买已经卤制好的。

营养贴士

牛肉含有丰富的蛋白质、氨基酸，具有补脾胃、益气血、强筋骨、消水肿等功效。

鲜香水产

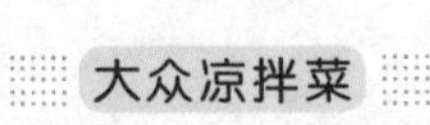

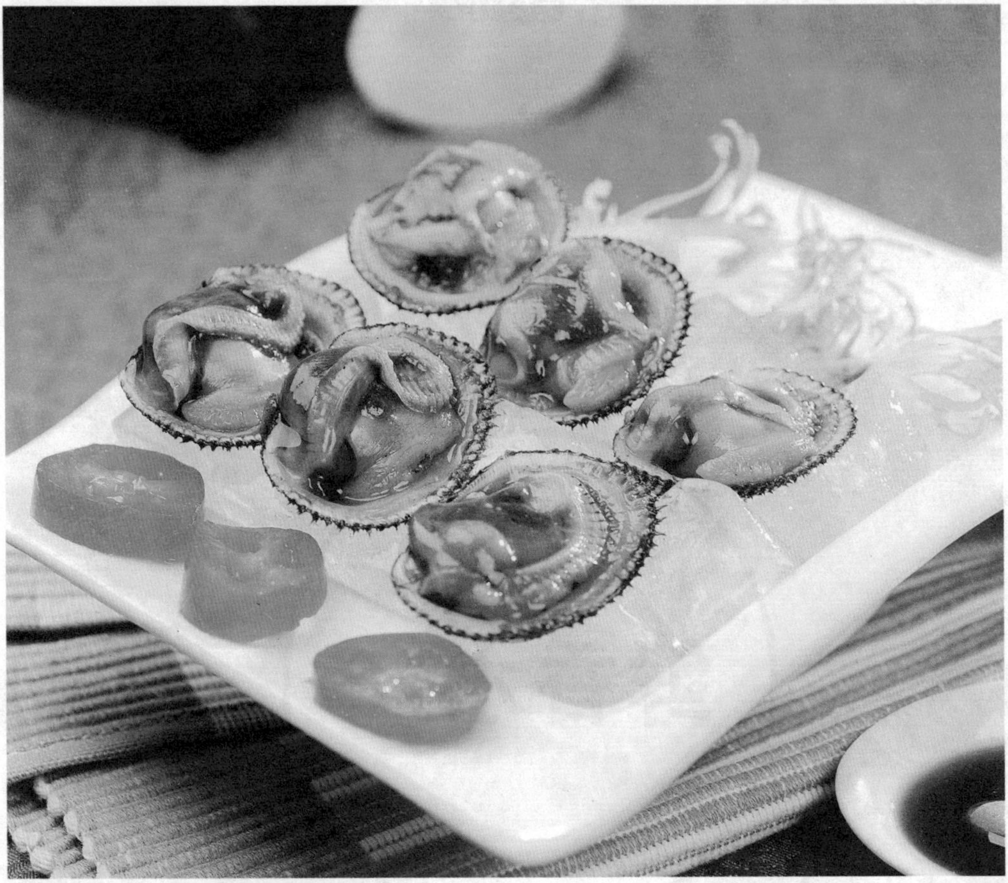

刺身毛蛤

TIME 10分钟

菜品特点：肉质嫩滑 鲜美可口

视觉享受：★★★
味觉享受：★★★★
操作难度：★★

主料： 新鲜毛蛤 250 克

配料： 冰块 800 克，芥末膏 15 克，美极鲜 10 克，白醋 10 克，樱桃番茄、苦菊各少许

操作步骤

①新鲜的毛蛤放到盐水中泡 2 小时，吐净泥沙，冲洗干净；樱桃番茄切片；苦菊取嫩心，洗净。

②毛蛤去掉一半壳，放到垫有冰块的盘中，利用樱桃番茄、苦菊作装饰，摆盘。

③将芥末膏、美极鲜、白醋拌匀，和毛蛤一起上桌，吃时蘸用。

操作要领

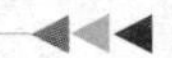

毛蛤必须很新鲜，并确保冲洗干净，否则泥沙会影响口感。

营养贴士

毛蛤具有补血、健胃的功效，适宜气血不足、营养不良、贫血和体质虚弱的人群食用。

视觉享受：★★★ 味觉享受：★★★★ 操作难度：★★★

五香熏鱼

TIME 30分钟

菜品特点 外酥里嫩 香甜味美

主料： 鲅鱼 500 克

配料： 酱油 250 克，高度白酒 15 克，葱段 20 克，姜片 10 克，八角 5 粒，花椒 5 粒，冰糖 20 克，桂皮 3 克，植物油适量

操作步骤

①鲅鱼切成 1.5 厘米厚的块，放在通风处控干水分。

②在锅中把花椒焙干，放入酱油、葱段、姜片、冰糖、八角、桂皮，小火熬开，盛入碗中，加上一些高度白酒。

③煎锅中放入适量植物油，放入鲅鱼块，煎至两面金黄色，把煎好的鲅鱼放入熏鱼汁中腌渍 5 分钟，取出装盘即可。

操作要领

鱼一定要腌到时候，否则鱼腥味太重，并且厚度要一致，太厚炸不透，太薄鱼块有可能不成型。

营养贴士

鲅鱼含丰富蛋白质、维生素 A、矿物质等营养元素，有补气、平咳的作用，对咳喘有一定疗效。

视觉享受：★★★ 味觉享受：★★★★ 操作难度：★

海米油菜心

TIME 10分钟

菜品特点 香辣脆鲜 兼有海味

主料： 油菜心 250 克，海米 50 克

配料： 生抽 10 克，白醋 15 克，大蒜 5 克，姜 5 克，香油 5 克，食盐 3 克

操作步骤

①用温开水将海米泡软，捞出，沥干水分；大蒜捣烂成蒜泥；姜切成末。

②油菜心洗净，放入沸水锅中焯一下，捞出过凉水，沥干水分。

③油菜心摆入盘中，放入海米，加入食盐、生抽、白醋、蒜泥、姜末、香油拌匀，摆盘即可。

操作要领

焯油菜心时可在水中放入一些植物油，这样绿色更新鲜。

营养贴士

海米营养丰富，富含钙、磷等多种对人体有益的微量元素，是人体获得钙的较好来源。

金枪鱼什锦

视觉享受：★★★★
味觉享受：★★★★
操作难度：★

TIME 10分钟

菜品特点
鱼肉鲜嫩
营养全面

主料： 金枪鱼肉200克，嫩豆腐、西兰花各80克

配料： 黑豆罐头15克，料酒、姜汁、白醋各10克，食盐5克，鸡精3克，橄榄油、黑胡椒粉各适量，白芝麻少许

操作步骤

①金枪鱼肉切成丁，用料酒、姜汁、食盐、黑胡椒粉腌渍15分钟；嫩豆腐切成丁；西兰花洗净，焯水，投凉，沥干水分。

②平底锅中加少许橄榄油，放入金枪鱼煎至两面金黄，盛出晾凉。

③将金枪鱼、嫩豆腐、西兰花、黑豆罐头放入碗中，淋入以食盐、姜汁、白醋、鸡精、白芝麻、橄榄油调成的味汁，拌匀即可。

操作要领

煎鱼时选用中小火，这样能保证鱼肉鲜嫩多汁。

营养贴士

金枪鱼能够激活脑细胞，促进大脑内部活动。

小虾仁拌香芹

主料： 香芹200克，小虾仁100克

配料： 食盐5克，香油、鸡精、姜各少许，花椒10粒，白醋、植物油各适量

操作步骤

①香芹洗净切段；香芹、小虾仁分别放入沸水锅中焯水至断生，捞出后投凉，沥干水分；姜切细丝。

②香芹、小虾仁放入碗中，加入食盐、香油、鸡精、姜丝、白醋。

③锅中放少许植物油，加入花椒爆香，浇在香芹与虾仁碗中，拌匀摆盘即可。

操作要领

小虾仁过水时，时间不能太长，以免失去鲜嫩口感。

营养贴士

虾中含有丰富的蛋白质、碘元素、铁、钙、磷、虾青素等。

主料： 鱼皮200克，青、红椒各50克

配料： 食盐5克，葱白1段，白糖5克，鸡精5克，花椒油少许，白醋、白芝麻各适量，料酒少许，黄豆芽少许

操作步骤

①鱼皮用温水泡开，洗净切长条；青、红椒洗净，切丝；葱白切丝；黄豆芽焯熟，备用。

②将泡好的鱼皮、青椒丝、红椒丝、葱丝、黄豆芽放入碗中，加入少量食盐、料酒、白糖、鸡精、花椒油、白醋拌匀，撒上白芝麻即可。

操作要领

鱼皮发制过程中应加入少量食用碱水，方可脆爽。如果买回的鱼皮是发制好的半成品，则需先放入加葱段、姜片、玫瑰露的清水中烧沸，焯水约10秒捞出。

营养贴士

鱼皮中的蛋白质主要是大分子的胶原蛋白及粘多糖的成分，是女士养颜护肤、美容保健的佳品。

尖椒拌鱼皮

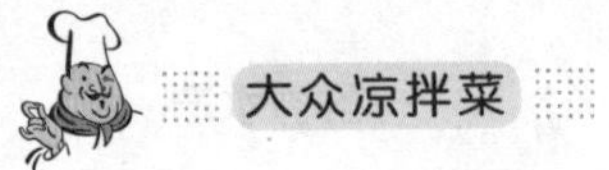

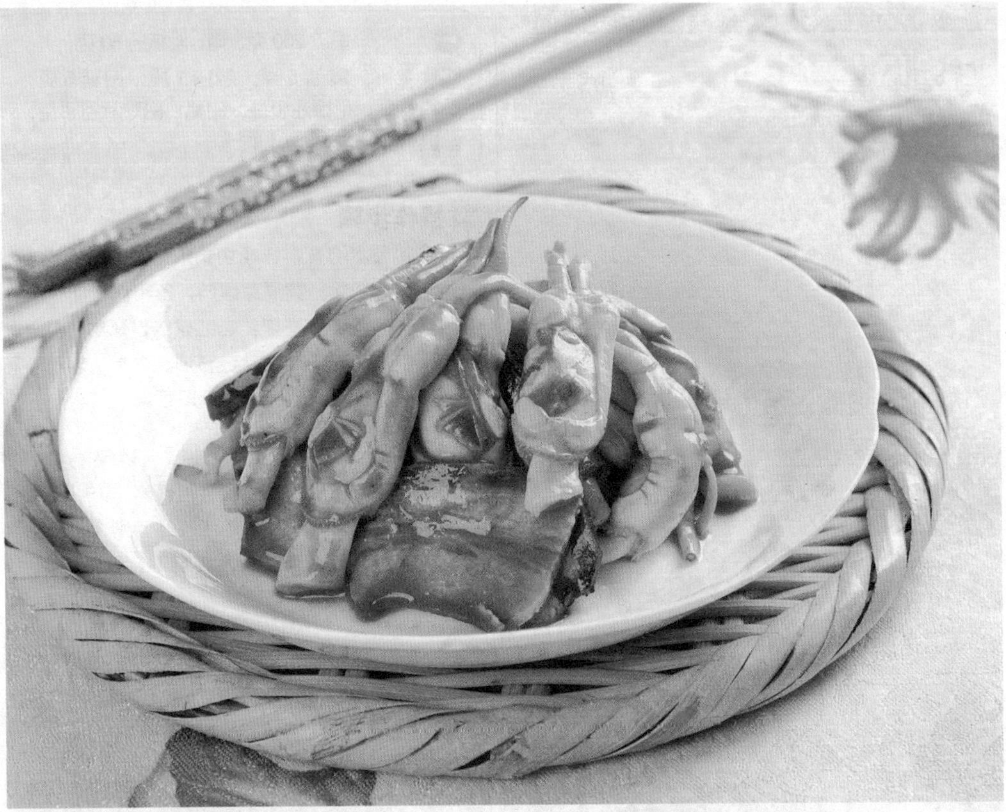

腊味拌蛏子

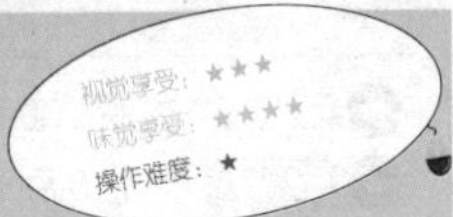

TIME 15分钟

视觉享受：★★★
味觉享受：★★★★
操作难度：★

菜品特点
酸甜清爽
咸香美味

主料： 蛏子王300克，腊肉100克

配料： 料酒30克，美极鲜酱油、香醋各15克，白糖10克，食盐5克，香油3克，姜汁、蒜末、姜汁各适量

操作步骤

①蛏子提前养一晚上，吐净泥沙后洗净，开边去肠，放入加有姜片、料酒的沸水中快速焯烫，捞出过凉水，沥干水分。

②腊肉切片，放入水开的蒸锅中蒸15分钟，取出晾凉。

③蛏子、腊肉放入碗中，加入美极鲜酱油、香醋、姜汁、蒜末、香油、白糖、食盐，拌匀即可。

操作要领

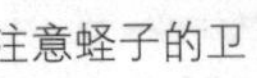

蛏子表面易残留有害微生物，一定要注意蛏子的卫生与清洁。

营养贴士

蛏子富含碘和硒，它是甲状腺功能亢进病人、孕妇、老年人良好的保健食品，含有锌和锰，常食有益于营养补充，健脑益智。

视觉享受：★★★ 味觉享受：★★★ 操作难度：★★

豉椒拌鱼干

TIME 20分钟

主料： 小鱼干300克

配料： 豆豉酱30克，白糖10克，料酒、姜汁各15克，鸡精3克，葱段、植物油各适量

操作步骤

①鱼干洗净，用清水浸泡30分钟，去除部分盐分，沥干水分。

②鱼干放入碗中，加入料酒、姜汁、葱段腌制30分钟，控干。

③鱼干放入五成热的油锅中略炸，捞出控油。

④锅中留底油，加入豆豉酱、白糖、鸡精炒出香味，盛出放入鱼干中拌匀即可。

操作要领

注意鱼干炸的时间不要太长，否则鱼干过干，影响口感。

营养贴士

鱼干中蛋白质含量丰富，是补充蛋白质的好食物。

视觉享受：★★★ 味觉享受：★★★ 操作难度：★★

醋芥末海蜇

TIME 10分钟

主料： 海蜇丝150克，白萝卜100克

配料： 香芹、红椒各30克，白醋15克，芥末油10克，食盐5克，胡椒粉3克

操作步骤

①海蜇丝提前放在清水中浸泡3小时，洗净，放入沸水中快速焯一下，捞出放入冰水中过凉，沥干水分。

②香芹择去叶子，洗净切段；萝卜用刀片出较厚的皮肉，斜切花刀，再切成条；红椒洗净切丝。

③主料放入碗中，加入所有配料拌匀即可食用。

操作要领

海蜇丝也可以不用沸水焯，直接拌凉菜。

营养贴士

海蜇含有人体需要的多种营养成分，尤其含有人们饮食中所缺的碘，是一种重要的营养食品。

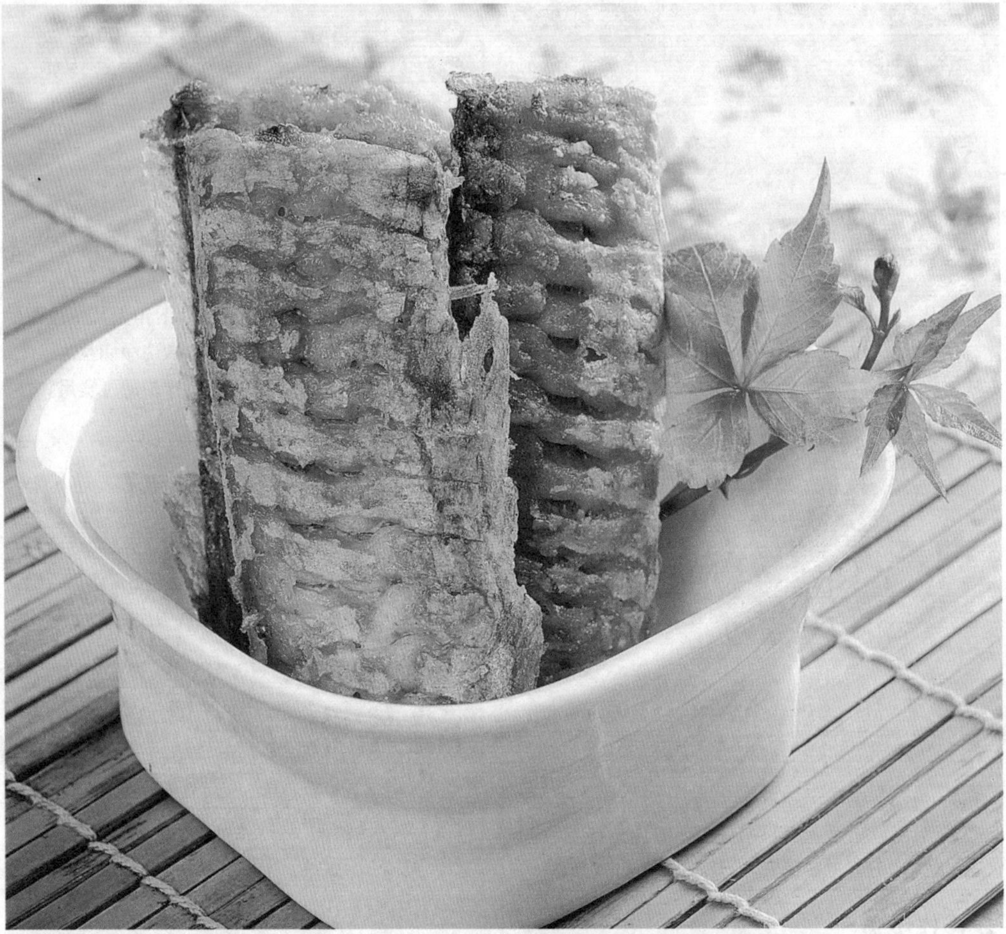

干炸带鱼

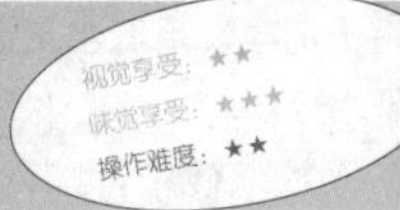

TIME 20分钟

视觉享受：★★
味觉享受：★★★
操作难度：★★

菜品特点
香而不腻
滋味齐全

主料： 带鱼段 300 克
配料： 淀粉、食盐、料酒、胡椒粉各适量，鸡精 5 克

操作步骤

①把带鱼段洗干净，切花刀，再加入食盐、料酒、胡椒粉、鸡精腌 1 小时。

②在鱼段上拍一层薄薄的淀粉，锅中油烧至五六成热下入鱼炸至金黄色捞出，沥干油装盘即可。

操作要领

在鱼身上切花刀，是为了让鱼更好地入味。

营养贴士

鱼肉中的脂肪酸大多为不饱和脂肪酸，所含氨基酸齐全，人体所需的 8 种氨基酸均有。

视觉享受：★★★ 味觉享受：★★★★ 操作难度：★

金针拌海肠

TIME 5分钟

主料： 海肠200克，金针菇150克

配料： 香芹、红椒各30克，辣椒油10克，白醋、生抽各15克，香油5克，食盐5克，蒜末、姜汁各少许

操作步骤

①海肠去两头后，挤出肚子里的杂物，斜切成段，放入沸水中快速汆烫至直挺，取出控干水。

②金针菇择去老的部位，洗净，放入沸水中焯熟，捞出过凉水，沥干水分；香芹洗净切段；红椒洗净切丝。

③海肠、金针菇、香芹、红椒放入碗中，分别调入其余配料，拌匀即可。

操作要领

海肠焯水时间应短，否则会破坏里面的营养物质。

营养贴士

海肠被人称为“鲜之极品”，据悉，海肠的营养价值不比海参逊色。

主料： 五香小鱼干100克，油炸花生米100克，紫皮圆葱头50克

配料： 姜汁15克，香醋15克，生抽15克，食盐5克，鸡精3克，香油、葱花各少许

操作步骤

①紫皮圆葱头切条，与五香小鱼干、油炸花生米共同放入一个大碗中。

②取一个小碗，加入所有配料调匀，淋入主料中，拌匀即可。

操作要领

紫皮洋葱偏辣，黄皮的较紫皮偏甜，可根据个人需要换成黄皮圆葱头。

营养贴士

鱼干中蛋白质含量丰富，而花生米中植物蛋白也很丰富，二者可以形成良好的补充，满足人体所需的营养物质。

视觉享受：★★★ 味觉享受：★★★ 操作难度：★

小鱼圆葱拌花生

TIME 10分钟

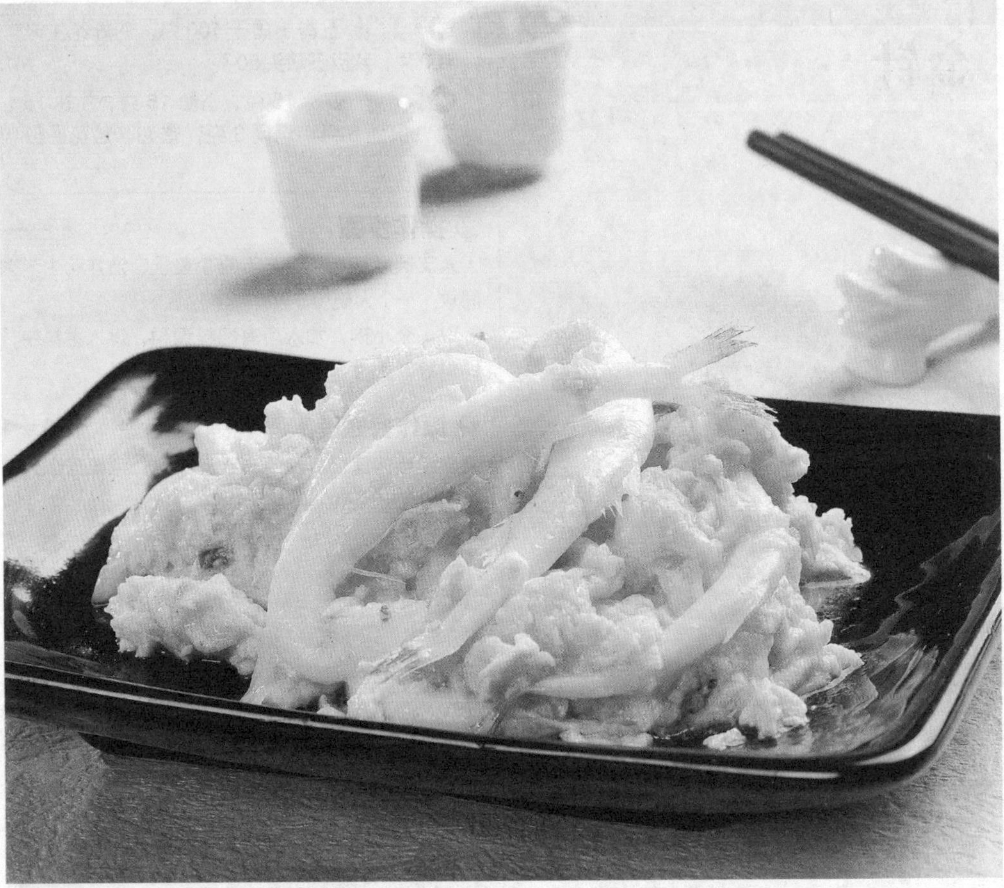

银鱼拌炒蛋

主料： 银鱼100克，鸡蛋2个

配料： 姜汁、葱花各15克，白醋15克，食盐5克，鸡精3克，香油少许

操作步骤

①银鱼洗净，放入沸水锅中焯一下，捞出过凉水，沥干水分，放入碗中。

②鸡蛋磕入碗中，加入葱花、姜汁、少许白醋、食盐、鸡精打散，放入锅中炒熟，盛出晾凉。

③鸡蛋放入装有银鱼的碗中，淋入白醋、香油，拌匀即可。

操作要领

在蛋液中加入白醋，可以让炒出的鸡蛋更加鲜美。

营养贴士

银鱼中蛋白质含量丰富，而鸡蛋中蛋白质也很丰富，二者可以形成良好的补充，满足人体所需的营养成分。

视觉享受：★★ 味觉享受：★★★ 操作难度：★

芥末扇贝

TIME 5分钟

菜品特点 辛辣刺激

主料：扇贝500克

配料：美极鲜酱油15克，芥末膏10克，豆蔻粉5克，葱花少许

操作步骤

①扇贝撬开，去除黑色的内脏和黄色的睫毛状鳃，取出贝肉放入清水中洗净；取适量贝壳用刷子刷干净。

②锅中烧开水，放入贝肉快速焯水，捞出过凉水，沥干水分；贝壳放入水中焯一下，捞出过凉水，沥干水分，摆在盘边作装饰。

③芥末膏、豆蔻粉拌匀，与美极鲜酱油分别淋在贝肉上，撒上葱花即可。

操作要领

清洗贝肉时，顺时针轻轻搅拌，贝肉里的泥沙就会沉入碗底，再以清水冲洗即可。

营养贴士

扇贝含有丰富的维生素E，可抑制皮肤衰老，防止色素沉着，驱除因皮肤过敏或是感染而引起的干燥和瘙痒等损害。

主料：花枝肉200克，西芹80克，干木耳5克

配料：红椒片30克，料酒30克，白醋15克，白糖10克，食盐5克，鸡精3克，花椒油、姜汁、姜片各适量，胡椒粉少许

操作步骤

①花枝肉洗净切片，放入碗中，加入料酒、姜片、食盐腌渍片刻；木耳泡发，洗净后撕成小朵；西芹洗净，斜刀切段。

②锅中烧开水，分别下入花枝肉、西芹、木耳焯水至断生，捞出过凉水，沥干水分。

③花枝肉、西芹、木耳放入碗中，加入红椒片、白醋、白糖、食盐、鸡精、花椒油、姜汁、胡椒粉，拌匀即可。

操作要领

本菜只取花枝肉，不要须，这样菜品制作出来更清爽、更美观。

营养贴士

花枝，即乌贼，每百克肉含蛋白质13克，脂肪仅0.7克，属于高蛋白低脂肪的滋补食品。

视觉享受：★★★ 味觉享受：★★★ 操作难度：★★

西芹花枝片

TIME 15分钟

菜品特点 酸甜清爽 绵软适口

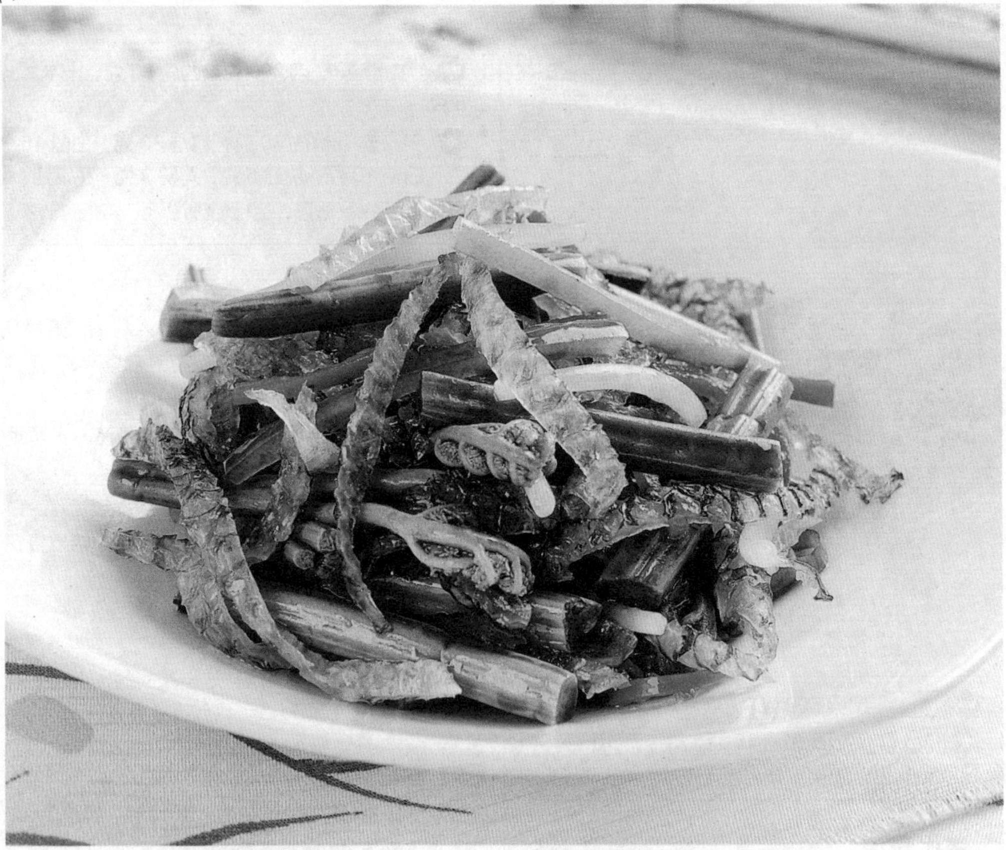

贡菜拌鱼皮

TIME 15分钟

菜品特点

口味浓郁

主料： 鲜鱼皮200克，贡菜100克

配料： 绿豆芽、青椒、红椒各30克，白醋15克，食盐3克，鸡精5克，花椒油20克，香油5克，姜汁10克，蒜末、生抽各少许

操作步骤

①鲜鱼皮洗净，切成长5厘米的细条备用；贡菜洗净切段；青、红椒洗净切丝；绿豆芽去头、尾，洗净。

②锅内加水烧开，放入鱼皮丝大火汆40秒，取出后立即用凉水冲凉；贡菜、绿豆芽焯水，过凉，沥干水分。

③将蒜末、白醋、食盐、鸡精、花椒油、香油、姜汁、生抽调匀成汁，和贡菜、鱼皮、青椒丝、红椒丝、绿豆芽拌匀，放入冰箱内冷藏30分钟即可。

操作要领

鱼皮成品以肉净、质厚、不带咸味者为佳。

营养贴士

鱼皮中的白细胞－亮氨酸有抗癌作用，可以预防癌症，降低癌变的发生率。

炸鱼棒

主料： 鳕鱼300克
配料： 食盐5克，鸡精5克，料酒少许，胡椒粉、干粉、植物油各适量

操作步骤

①鳕鱼洗净，切条，用食盐、鸡精、料酒、胡椒粉腌制15分钟。

②腌好的鱼沥干水分，裹上一层干粉，下入六成热的热油炸熟，炸至皮酥，呈现金黄色，捞出装盘，晾凉后即可食用。

操作要领

鳕鱼一定要经过一段时间的腌制，这样既能去腥，又可入味。

营养贴士

鳕鱼的营养价值非常高，富含多种人体所需的微量元素、矿物质、蛋白质等，儿童食用可以明目。

主料： 鱼皮250克
配料： 青、红椒各50克，葱白30克，芥末油10克，香油5克，食盐3克，鸡精2克，胡椒粉2克，料酒少许，辣椒油、白醋、白芝麻各适量

操作步骤

①鱼皮洗净，切成细丝；葱白、青椒、红椒洗净，切成细丝。

②将鱼皮丝、青椒丝、红椒丝、葱丝加入芥末油、香油、白醋、食盐、鸡精、胡椒粉、辣椒油、料酒拌匀，撒上白芝麻即可。

操作要领

鱼皮食用前应先用70℃的温水浸泡30分钟，使鱼皮肥厚，取出用刷子刷去皮层上的沙质，然后再放在40℃的温水锅中泡2小时，取出用清水浸发。

营养贴士

鱼皮含有丰富的蛋白质和多种微量元素。

三丝鱼皮

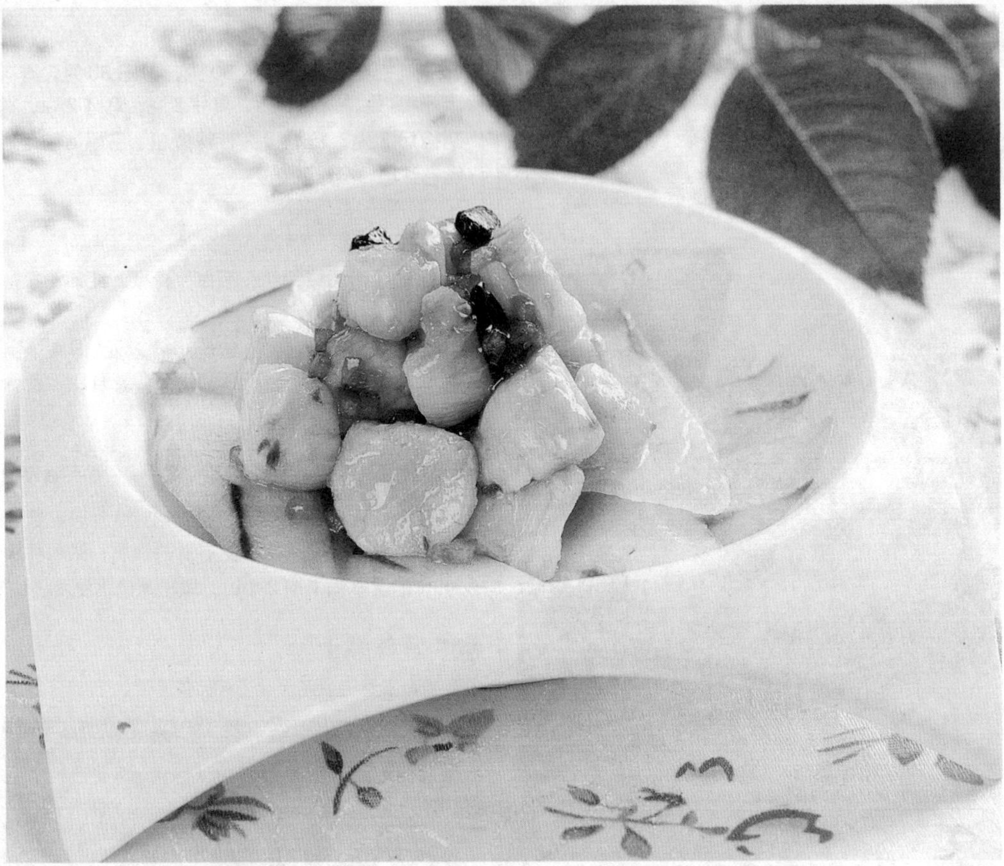

巧拌鲜贝

视觉享受：★★★
味觉享受：★★★
操作难度：★★

TIME 10分钟

菜品特点
口味清淡
调动胃口

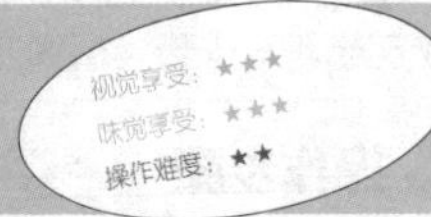

主料： 黄瓜 100 克，鲜贝肉 200 克
配料： 青椒 30 克，老干妈豆豉酱 15 克，食盐 5 克，鸡精 3 克，香油、生抽、白醋各适量

操作步骤

①黄瓜去皮洗净，切成片，垫入碗底；鲜贝肉洗净，入沸水锅中略焯一下，捞出投凉，沥干水分，放入黄瓜碗内；青椒洗净，切成粒。

②老干妈豆豉酱、食盐、鸡精、香油、生抽、白醋、青椒粒全部放入小碗中，调匀，淋入主料中，摆盘即可。

操作要领

在制作时可加入姜汁或姜末，这样既去腥又提味。

营养贴士

鲜贝具有抑制胆固醇在肝脏合成和加速排泄胆固醇的独特作用。

视觉享受：★★★ 味觉享受：★★★ 操作难度：★★

三色鱿鱼丝

TIME 15分钟

菜品特点 清爽美味 鲜嫩适口

主料： 鱿鱼片200克，青椒、胡萝卜各80克

配料： 料酒、姜汁各20克，花椒油15克，白醋15克，食盐5克，鸡精3克

操作步骤

①鱿鱼片洗净，切成丝，放入料酒、姜汁、食盐腌制15分钟；青椒、胡萝卜洗净切丝，焯水至断生，投凉后沥干水分。

②鱿鱼丝放入沸水锅中煮熟，捞出过凉水，沥干水分。

③鱿鱼丝、青椒丝、胡萝卜丝放入碗中，淋入以花椒油、白醋、食盐、鸡精调成的味汁，拌匀即可。

操作要领

如果不喜欢吃青椒、胡萝卜，可以根据需要换成其他食材。

营养贴士

鱿鱼营养价值高，但高血脂、高胆固醇、脾胃虚寒等人群不宜食用。

视觉享受：★★★ 味觉享受：★★★★ 操作难度：★

茼蒿梗拌比管

TIME 10分钟

菜品特点 鲜香美味 清爽可口

主料： 比管鱼肉200克，茼蒿梗100克

配料： 红椒30克，料酒15克，花椒油10克，白醋15克，姜汁、蒜末各适量，食盐5克，鸡精3克

操作步骤

①比管鱼肉洗净，鱼须切段，鱼身切片，放入碗中加料酒、姜汁、食盐腌渍片刻；茼蒿梗洗净，切段；红椒洗净，切丝。

②比管鱼、茼蒿梗分别放入沸水中焯熟，捞出投凉，控干水分。

③比管鱼、茼蒿梗、红椒丝放入碗中，加入花椒油、白醋、蒜末、食盐、鸡精，拌匀即可。

操作要领

自己处理比管鱼时，要先将吸盘上的泥沙搓去，挖去口内的角质腭，最后除去体内墨囊。

营养贴士

比管鱼营养丰富，含蛋白质32%，脂肪9%，另含无机盐和维生素。

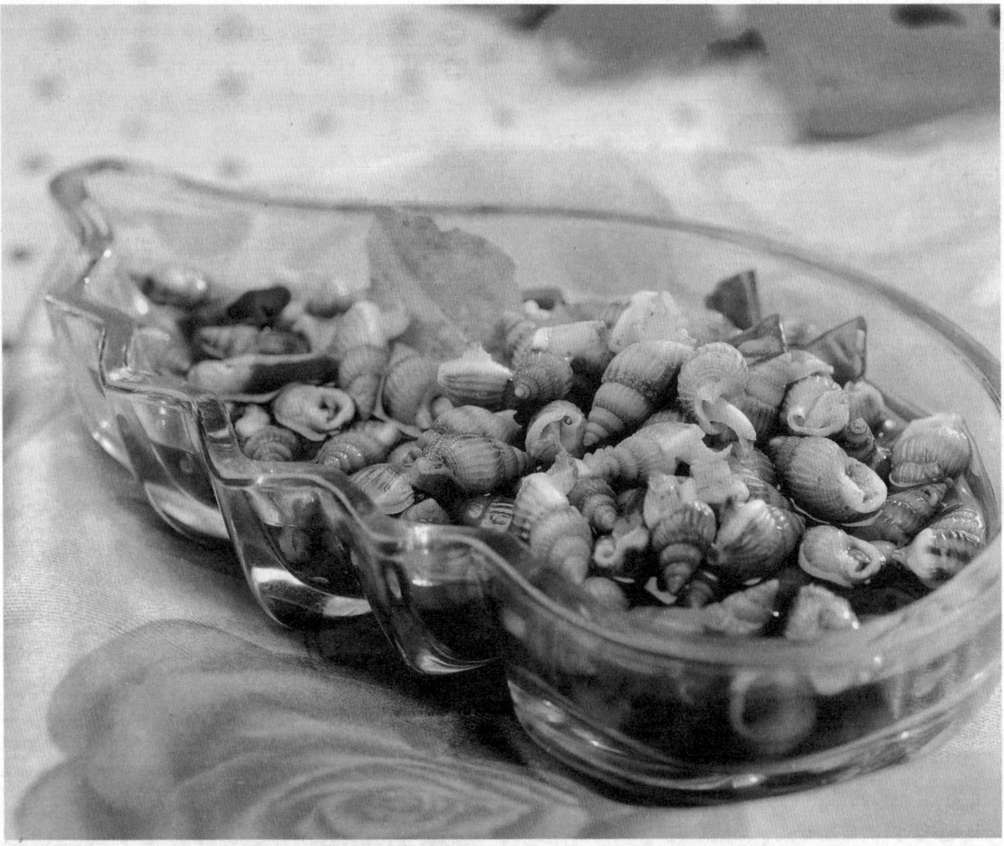

海鲜汁腌海瓜子

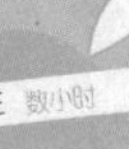

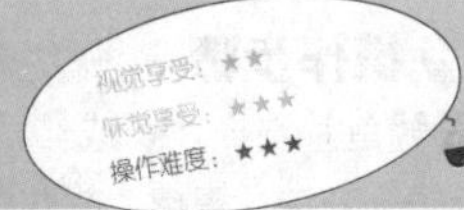

视觉享受：★★
味觉享受：★★★
操作难度：★★★

TIME 数小时

菜品特点
口味独特

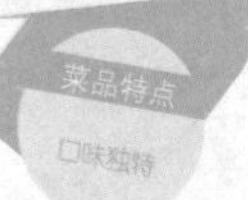

主料： 海瓜子 500 克

配料： 葱段、姜片各 30 克，黄酒 50 克，美极鲜酱油 15 克，白糖 10 克，干辣椒段适量，香叶、花椒、食盐各少许

操作步骤

①锅中加入清水、香叶、花椒、干辣椒段、葱段、姜片、食盐烧开，下入洗净的海瓜子，煮 2 分钟后关火，自然晾凉。

②晾凉后的海瓜子放入一个大碗中，倒入适量原汤，加入黄酒、美极鲜酱油、白糖，腌渍约 1 小时后即可食用。

操作要领

海瓜子提前在淡盐水中浸养半日，待泥沙吐尽，再进行清洗。

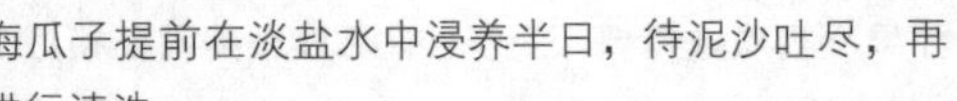

营养贴士

海瓜子味道鲜美，营养价值又很高，常食具有调节血脂、预防心脑血管疾病、平咳定喘等功能。

视觉享受：★★　味觉享受：★★★　操作难度：★★★

麻辣鱼条

主料： 草鱼肉 300 克

配料： 食盐 5 克，料酒、麻油、香醋各 30 克，辣椒油、植物油、白糖、胡萝卜各适量，葱段、姜片、生抽、白芝麻各少许

操作步骤

①将草鱼洗净切成小块，放入碗中，加入食盐、料酒、姜片、葱段拌匀，腌渍 15 分钟；胡萝卜切丝，焯熟，备用。

②将腌好的鱼放入六成热的油锅中炸至金黄色，捞出沥油。

③锅中留底油，放入白糖慢火炒出糖色，倒入炸好的鱼，放入生抽、食盐、葱段、姜片、辣椒油、麻油、香醋、清水，改大火烧开水，随后改小火炖 20 分钟，大火收汁，捞出后放入冰箱冰凉。

④食用时，以胡萝卜垫底，放入鱼条，撒上白芝麻即可。

操作要领

草鱼肉在炸的时候可以拍上点儿淀粉，以防破皮。

营养贴士

草鱼含多种氨基酸，且易被人体消化吸收，是良好的营养食品。

主料： 海蜇皮 300 克，黄瓜 100 克

配料： 大蒜、白醋、生抽各适量，食盐 5 克，白糖 5 克，鸡精 5 克，辣椒油少许

操作步骤

①海蜇皮用水浸泡半天，然后切细丝；如果没有及时浸泡，可以切丝以后，放入少许食盐，然后加清水揉搓，反复几次至海蜇丝柔软即可。

②黄瓜洗净切细丝；大蒜制成蒜泥。

③将海蜇丝、黄瓜丝放入盆中，加入蒜泥、生抽、白醋、白糖、鸡精、辣椒油，搅拌均匀即可。

操作要领

浸泡或反复清洗是为了去除海蜇皮腌制过程中加入的矾及盐分，不然吃起来口感很差。

营养贴士

海蜇的营养极为丰富，据测定：每百克海蜇含蛋白质 12.3 克、碳水化合物 4 克、钙 182 毫克、碘 132 微克以及多种维生素。

视觉享受：★★　味觉享受：★★★　操作难度：★★

凉拌海蜇皮

温拌海螺

TIME 13分钟

视觉享受：★★★
味觉享受：★★★
操作难度：★

菜品特点
肉质细嫩
味道鲜爽

主料： 海螺 500 克

配料： 青椒、红椒、香芹各 30 克，白醋、料酒各 15 克，姜汁、蒜末、葱花各适量，花椒油 5 克，食盐 5 克

操作步骤

①海螺洗净，放入蒸锅蒸 10 分钟，将螺肉取出，去除暗色的内脏部位，切片。

②青椒、红椒、香芹洗净，切粒，放入碗中调入白醋、姜汁、蒜末、葱花、花椒油、食盐、料酒，拌匀。

③螺肉放入碗内，淋入调好的汁，拌匀即可。

操作要领

螺肉先蒸熟，取肉更方便。

营养贴士

螺肉富含蛋白蛋、维生素和人体必需的氨基酸和微量元素，是典型的高蛋白、低脂肪、高钙质的天然动物性保健食品。

视觉享受：★★★★ 味觉享受：★★★★ 操作难度：★

鱼干葱丝

TIME 15分钟

主料： 咸鱼干100克，油炸花生米80克

配料： 姜汁、料酒各15克，白醋20克，鸡精3克，葱丝适量

操作步骤

①咸鱼干提前用温水浸泡一夜，洗净，捞出沥干水分。

②将鱼干放入盘中，加适量料酒，蒸锅中水开后放入鱼干蒸熟，取出晾凉，撕成小段，与花生米一起放入碗中，加入姜汁、白醋、鸡精。

③锅中放少许植物油，油热后加入葱丝爆出香味，浇到鱼干中，拌匀即可。

操作要领

咸鱼干用清水浸泡，一是为了让鱼干变软，二是减少盐分。

营养贴士

咸鱼虽然营养丰富，但属于腌制品，所以不要多吃。

主料： 银鱼300克

配料： 食盐5克，鸡精5克，姜片15克，醋少许，鸡蛋1个，生抽、生粉、料酒、植物油各适量

操作步骤

①银鱼清洗干净后放在容器中，加入食盐、鸡精、生抽、料酒、醋、姜片腌制15分钟。

②将鸡蛋和生粉加水调成糊状，锅中放油烧热。

③将腌制好的银鱼在糊状生粉中打滚，下油锅中炸至金黄色即可。

操作要领

鱼肉肉质松软，所以炸的时候一定不要过多翻动。

营养贴士

鱼肉含有大量的蛋白质，脂肪含量较低，且多为不饱和脂肪酸。

视觉享受：★★★ 味觉享受：★★★ 操作难度：★★

干炸银鱼

TIME 15分钟

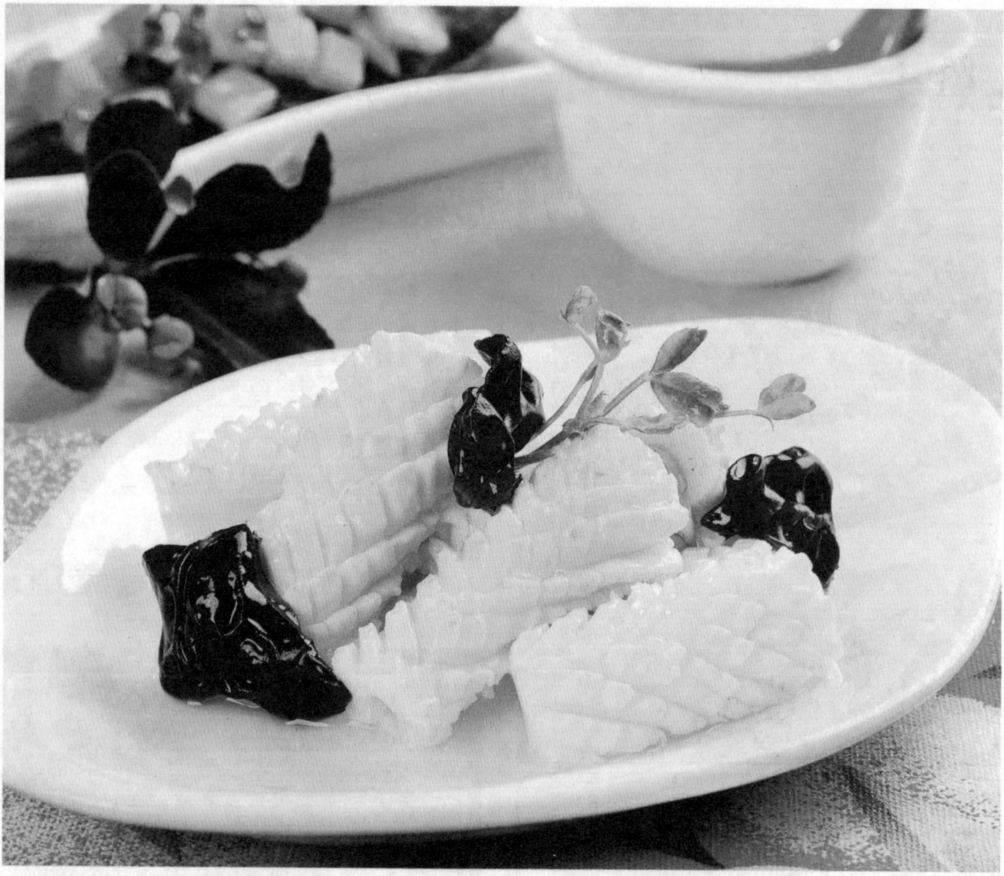

玻璃鲜墨鱼

TIME 20分钟

视觉享受：★★★
味觉享受：★★★★
操作难度：★★

菜品特点
味道鲜美
营养丰富

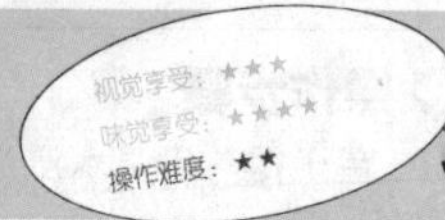

主料： 墨鱼（已处理）300克

配料： 干木耳15克，姜汁15克，食盐5克，鸡精3克，胡椒粉2克，鸡汤、植物油、鸡油各适量，水淀粉少许

操作步骤

①木耳泡发洗净，撕成小朵；墨鱼洗净，切成5厘米左右的方形片，在一面斜剞十字花刀，分别放入沸水锅中焯水，捞出投凉，沥干水分，放入盘中。

②锅中放鸡汤、姜汁、食盐、鸡精、胡椒粉、少许植物油、鸡油烧开，以少许水淀粉勾玻璃芡，将汁浇在码好的墨鱼片上即可。

操作要领

注意不要选择肉质过厚的墨鱼，否则不易成卷。

营养贴士

墨鱼肉性平、味咸，有养血滋阴、益胃通气、去瘀止痛的功效。

视觉享受：★★★ 味觉享受：★★★ 操作难度：★

墨鱼三丝

TIME 15分钟

菜品特点：口感劲道 清爽美味

主料： 墨鱼干200克，青、红椒各50克

配料： 蒜薹1根，葱白1段，辣椒油15克，白醋15克，食盐5克，鸡精3克，植物油少许

操作步骤

①墨鱼干用清水泡软，放沸水锅中煮熟，捞出过凉水，切成丝；青椒、红椒、葱白切丝；蒜薹洗净，切段。

②墨鱼、青椒、红椒、蒜薹、放入碗中，加入白醋、辣椒油、食盐、鸡精。

③锅中放少许植物油，油热后加入葱丝炸香，葱油浇到墨鱼上，拌匀即可。

操作要领

如果经常用到葱油，可自制一些备用，以节省时间。

营养贴士

墨鱼干含有丰富的蛋白质、脂肪、无机盐、碳水化合物等营养物质。

主料： 八带鱼300克

配料： 香菜、青椒、红椒、洋葱各20克，白醋20克，白糖、料酒各15克，食盐5克，香油、鸡精各3克，姜汁、香菜各适量

操作步骤

①八带鱼去除牙齿洗净，切成小块，放入料酒、姜汁、食盐腌渍片刻；香菜洗净，切段；青、红椒、洋葱洗净，切条。

②八带鱼放入沸水中焯水至断生，捞出过凉水，沥干水分。

③八带鱼放入碗内，加入白醋、白糖、食盐、香油、鸡精、香菜、青椒、红椒、洋葱，拌匀即可。

操作要领

处理八带鱼时，用盐水洗净，去除脑子和黑墨即可。

营养贴士

八带鱼富含天然牛磺酸，常食能够抗疲劳、抗衰老，延年益寿，营养价值很高。

视觉享受：★★★ 味觉享受：★★★ 操作难度：★★

酸甜脆八带

TIME 15分钟

菜品特点：酸甜开胃 肉质脆爽

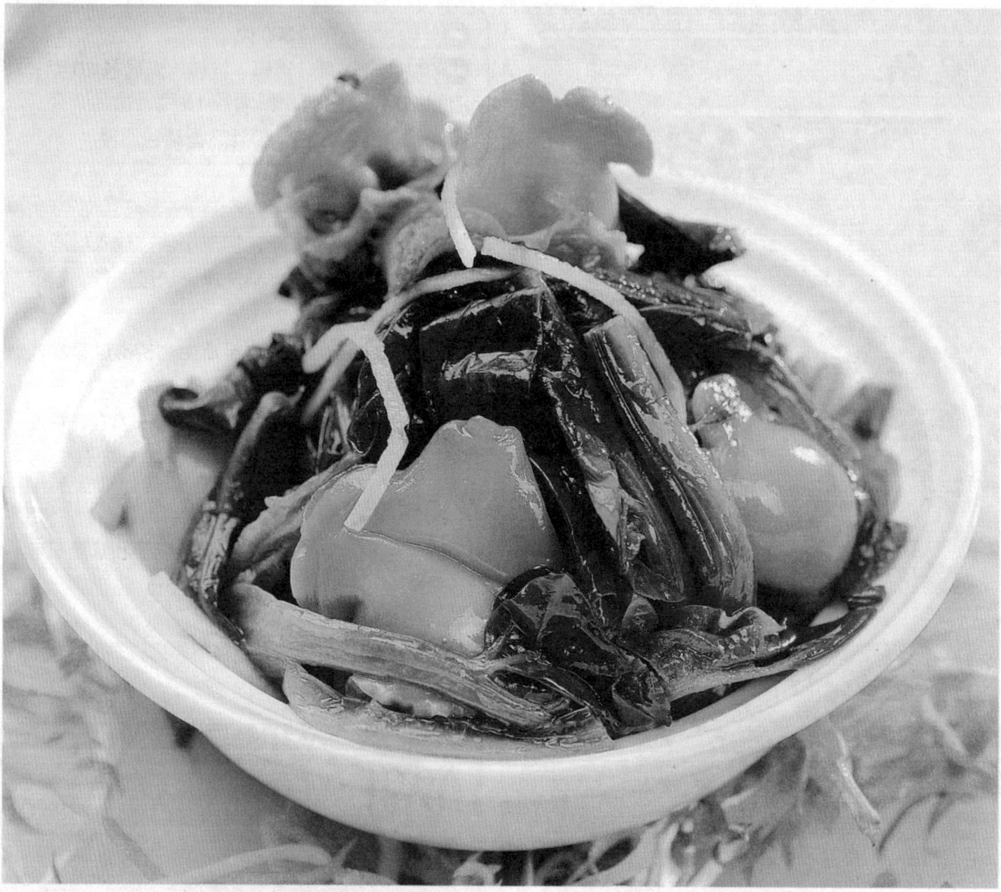

菠菜拌毛蛤

TIME 15分钟

视觉享受：★★★
味觉享受：★★★
操作难度：★★

菜品特点
味道鲜美
清淡爽口

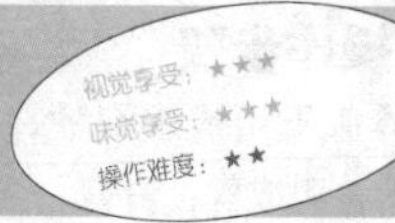

主料： 毛蛤 250 克，菠菜 250 克

配料： 生姜 1 块，葱白 1 段，香油、香醋、姜末各少许，食盐 3 克，鸡精 2 克

操作步骤

①毛蛤煮熟取肉；姜切末；葱白切丝。

②菠菜择洗干净，焯水过凉，沥干水后切成段。

③将毛蛤、菠菜、食盐、香醋、鸡精、香油、姜末、葱丝拌匀，装盘即可。

操作要领

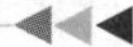

拌时可先拌蛤蜊肉再拌菠菜，然后一起调拌。

营养贴士

毛蛤性温、味甘，有补血、健胃的功效，适宜虚寒性胃痛、消化不良以及气血不足、营养不良、贫血和体质虚弱之人食用，毛蛤中还含有丰富的维生素 B_{12}。

黄花菜拌海蜇

主料： 海蜇丝200克，黄花菜150克

配料： 胡萝卜50克，白醋、香油、蒜泥各适量

操作步骤

①海蜇丝提前用水泡2小时，去掉大部分咸味，然后用白醋泡30分钟以上。

②黄花菜用清水泡20分钟，清洗干净，放入沸水锅中焯熟，捞出投凉，沥干水分；胡萝卜洗净切丝。

③将泡好后的海蜇丝沥去醋水，放入碗中，加入黄花菜、胡萝卜丝、蒜泥、香油（一定要放多一些）、白醋，调好味即可。

操作要领

香油一定要多放一些，起提味的作用。另外，本菜不需要再加食盐。

营养贴士

海蜇有清热解毒、化痰软坚、降压消肿的功效。

主料： 鱿鱼片250克，笋干80克

配料： 香芹、红椒、金针菇各50克，料酒、姜汁各20克，橄榄油15克，白醋15克，食盐5克，鸡精3克

操作步骤

①笋干用清水泡发；鱿鱼洗净，切成条，放入料酒、姜汁、食盐腌制15分钟；红椒洗净切丝；香芹洗净切段；金针菇去根部，洗净。

②将所有食材分别放入沸水锅中焯熟，捞出过凉水，沥干水分。

③将所有食材放入碗中，淋入以橄榄油、白醋、姜汁、食盐、鸡精调成的味汁，拌匀即可。

操作要领

食材焯水的时间根据食材的不同和量的多少而定。

营养贴士

鱿鱼的营养价值很高，富含蛋白质、钙、牛磺酸等人体所需的营养成分。

笋干鱿鱼

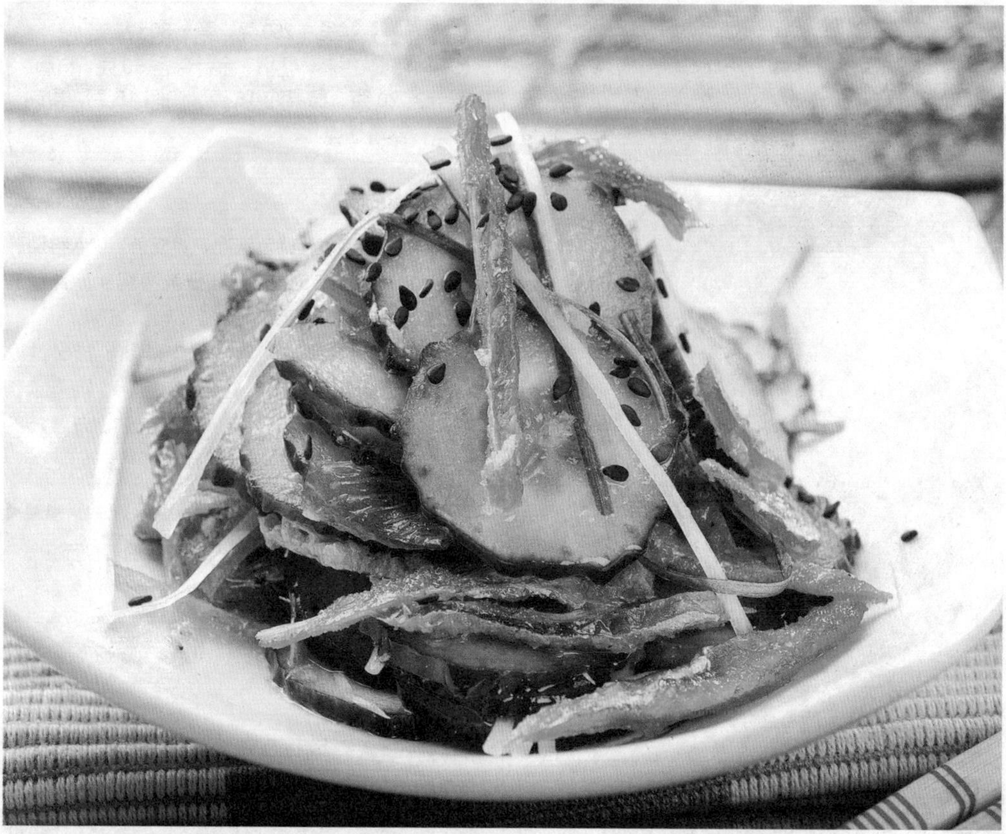

醋拌木松鱼黄瓜

TIME 20分钟

视觉享受：★★★
味觉享受：★★★
操作难度：★

菜品特点
清香爽口
鱼肉干脆

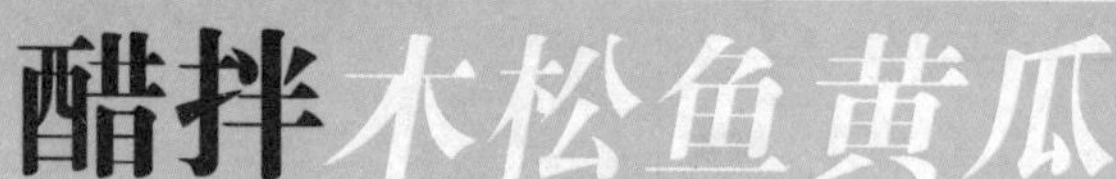

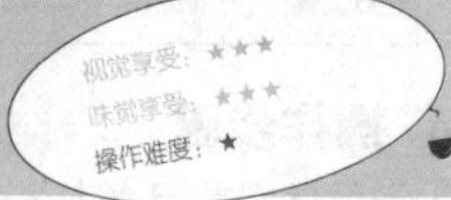

主料： 黄瓜200克，木松鱼100克

配料： 葱白1段，姜汁15克，白醋15克，花椒油10克，食盐5克，鸡精3克，黑芝麻少许

操作步骤

①黄瓜洗净，切片，放入碗中加适量食盐，腌制15分钟；木松鱼切丝；葱白切丝。

②黄瓜片沥净腌出的水分，加入木松鱼、葱丝，淋入以姜汁、花椒油、白醋、鸡精、少许食盐调成的味汁，撒上黑芝麻，拌匀即可。

操作要领

黄瓜片用食盐腌制后，会控出水分，一定要将其控干，否则水太多会影响口感。

营养贴士

鱼焙烤至完全干燥的状态即为木松鱼，可用其制作木松鱼汤，或拌入凉菜中食用。

视觉享受：★★ 味觉享受：★★★ 操作难度：★★

茼蒿拌海肠

TIME 10分钟

主料：海肠150克，茼蒿150克

配料：辣椒油、蒜碎各适量，蜜汁、食盐、白醋、鸡精、生抽各少许

操作步骤

①茼蒿洗净，切段；海肠去两头后，挤出肚子里的杂物，切成段，用温水稍烫至挺，取出控干水。

②海肠、茼蒿、食盐、白醋、蜜汁、鸡精、生抽、辣椒油、蒜碎放入碗中，搅拌均匀，摆盘即可。

操作要领

烫海肠的水不可以烧开，否则海肠会老。

营养贴士

海肠具有温补肝肾、壮阳固精的作用，特别适合男性食用。

主料：黄花鱼2条

配料：淀粉50克，料酒、生抽各20克，葱段、姜片、蒜片各15克，鸡蛋1个，鸡精3克，食盐、植物油各适量，白胡椒粉少许

操作步骤

①黄花鱼去除鳃及内脏洗净，在鱼身上划两刀，放葱段、姜片、蒜片、料酒、白胡椒粉、生抽、食盐、鸡精搅拌均匀，腌渍30分钟。

②鸡蛋倒入碗中打散，加入淀粉、食盐拌匀，锅中加植物油烧至五成热，把小黄鱼裹上面糊放入油锅中炸至熟透。

③黄花鱼呈金黄色时捞出控干油，晾凉后即可食用。

操作要领

油温要控制好，否则就会粘锅或煳锅。

营养贴士

黄花鱼含有丰富的蛋白质、矿物质和维生素，对人体有很好的补益作用。

视觉享受：★★ 味觉享受：★★★★ 操作难度：★★

家常炸黄花鱼

TIME 15分钟

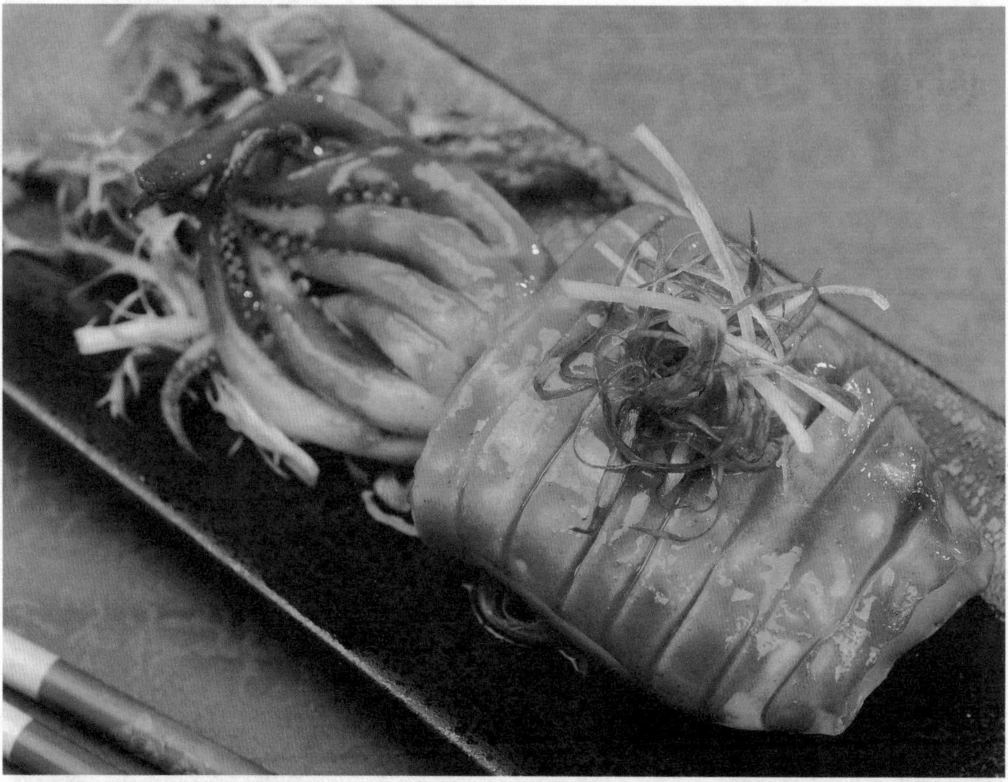

韩式鲜鱿

TIME 30分钟

视觉享受：★★★★
味觉享受：★★★★
操作难度：★★

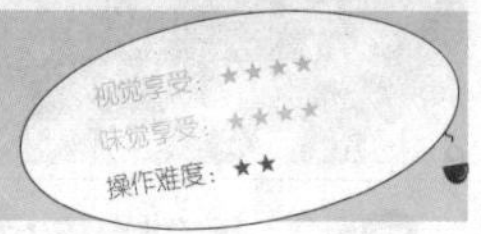

菜品特点
滋味齐全
色彩鲜艳

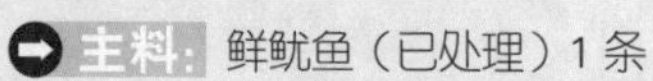

主料： 鲜鱿鱼（已处理）1条

配料： 韩式辣椒酱45克，料酒30克，洋葱半个，蒜片、姜片各15克，白糖15克，食盐5克，胡椒粉、鸡精各3克，香葱1根，植物油适量，苦菊少许

操作步骤

①苦菊取嫩心洗净，垫在盘底作装饰；洋葱切条；香葱取葱白和叶子分别切丝。

②鲜鱿鱼洗净，切下鱿鱼须，鱿鱼筒切成圈，保证下部相连，放入碗中，加入料酒、姜片、食盐、胡椒粉腌渍30分钟。

③锅中烧开水，放入腌好的鱿鱼焯熟，捞出过凉水，沥干水分，摆入铺有苦菊的盘中。

④锅中放少许植物油，加入洋葱、蒜片炒出香味，捞出料渣，下入韩式辣椒酱、白糖、鸡精、食盐，炒出香味后出锅，均匀地淋在鱿鱼上，点缀葱丝即可。

操作要领

鱿鱼味腥，经过腌渍后可有效去腥。

营养贴士

鱿鱼是含有大量牛磺酸的一种低热量食物，可抑制血中的胆固醇含量，缓解疲劳。

爽口酱、泡菜

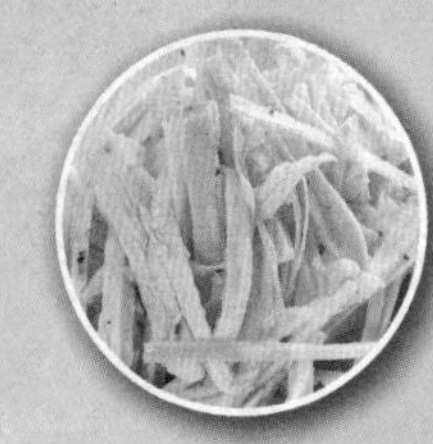

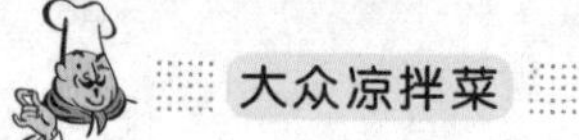

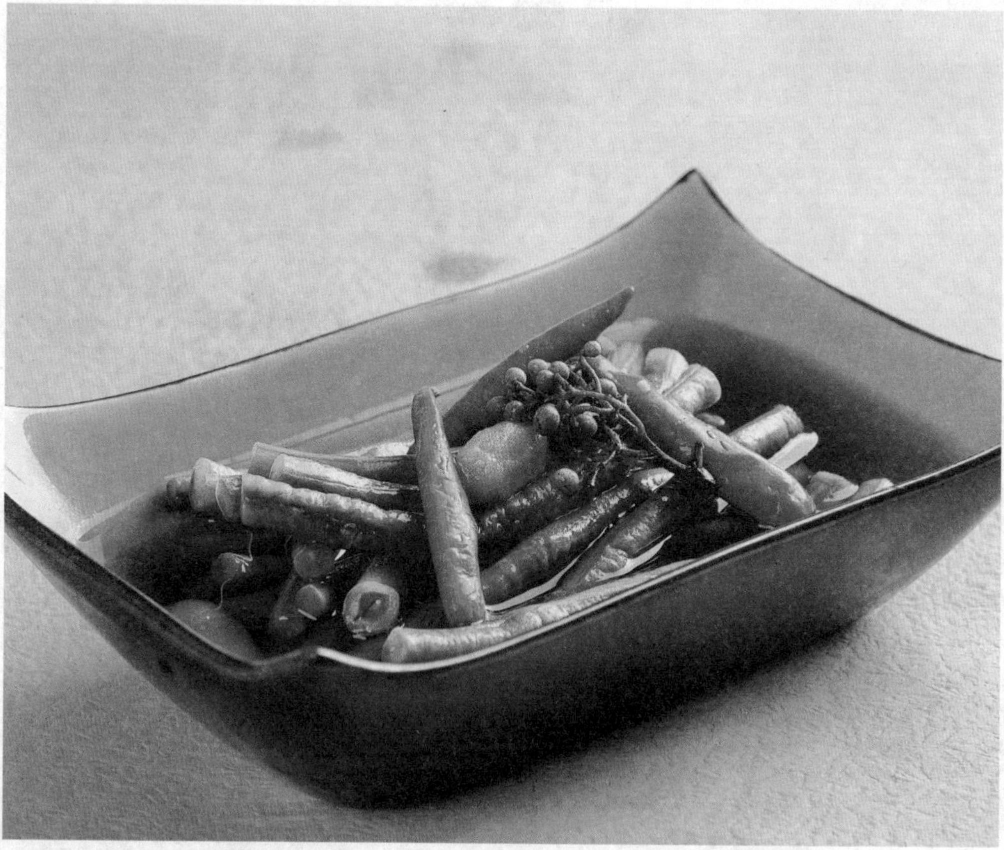

泡豆角

TIME 数天

视觉享受：★★★
味觉享受：★★★★
操作难度：★★★

菜品特点
咸辣鲜美
口感爽脆

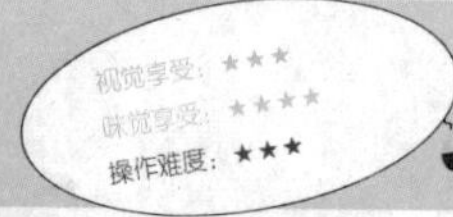

主料： 长豇豆 500 克

配料： 红辣椒 5 个，白酒 10 克，八角、鲜花椒、食盐、老卤汁、姜块各适量

操作步骤

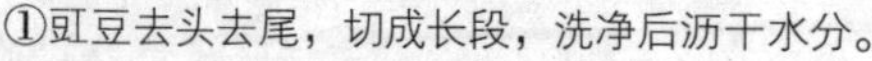

①豇豆去头去尾，切成长段，洗净后沥干水分。

②烧一锅开水，加入食盐，待溶化后，倒入一个大盆内，等开水完全冷却后，加入八角、鲜花椒、红辣椒、姜块，制成泡菜盐水。

③坛子里放入老卤汁、泡菜盐水，将沥干水分的豇豆放入坛子中，在水中滴入几滴白酒。

④密封好坛子后，在坛子沿上放点儿清水，滴几滴白酒，置于阴凉干燥处 3~5 天即可。

操作要领

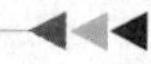

在坛子水中滴白酒，目的是防止老卤汁出白花。

营养贴士

此菜含有丰富的维生素 A 和维生素 C，钙、磷、铁等无机物。

视觉享受：★★★★ 味觉享受：★★★★ 操作难度：★★

四川泡菜

TIME 7天

菜品特点：味道咸酸 口感脆生

主料： 青菜、胡萝卜、芹菜、黄瓜、红心萝卜、嫩姜芽、小米椒、蒜瓣各适量

配料： 白酒、食盐、大料（八角）、花椒、白糖、白醋各适量

操作步骤

①把泡菜坛洗干净擦干水分之后放置一边。

②胡萝卜、红心萝卜洗净切片；黄瓜洗净切滚刀块；芹菜、青菜洗净切段；其余主料洗净，全部放入碗中，用少许食盐腌渍。

③在无油的锅里加入适量的水，大火加热，水沸之后倒入白酒、食盐、大料、花椒、白糖、白醋，再次沸腾之后继续加热10分钟，关火，冷却。

④把主料洗干净盐分，再滤干水，放入泡菜坛，铺好之后倒入放凉的调味汁，腌制7天后便可食用。

操作要领

泡菜坛子以及捞泡菜的筷子都不能沾油荤，不然泡菜水会“生花”，就是泡菜水上长出白色霉点。

营养贴士

四川泡菜富含纤维素、多种维生素、矿物质、碳水化合物等营养物质。

主料： 莴笋300克

配料： 食盐50克，甜面酱150克

操作步骤

①莴笋削去外皮，洗净，用盐均匀腌渍，置于阳光下晒干。

②将甜面酱涂抹在莴笋上，重新放入小缸内。

③酱制3~4天后，即可食用。

操作要领

莴笋的大小要切得均匀一些。

营养贴士

莴苣中含有一定量的微量元素以及锌、铁，莴苣中的铁元素很容易被人体吸收，经常食用新鲜莴苣，可以防治缺铁性贫血。

视觉享受：★★★ 味觉享受：★★★★ 操作难度：★★★

酱莴笋

TIME 40分钟

菜品特点：色泽红亮 肉质细嫩

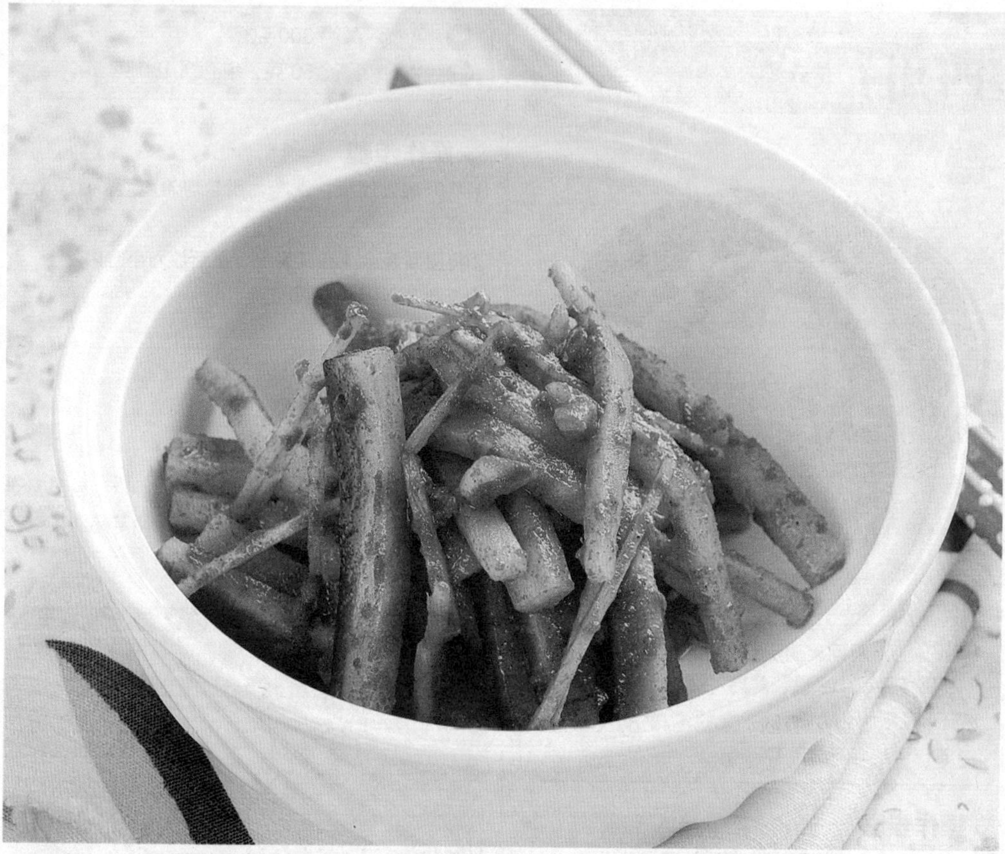

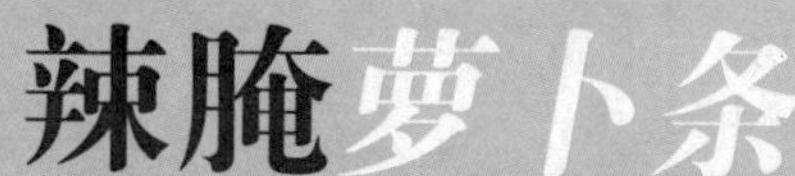

辣腌萝卜条

TIME 1小时

视觉享受：★★★
味觉享受：★★★★
操作难度：★

菜品特点
鲜辣清爽
口感脆嫩

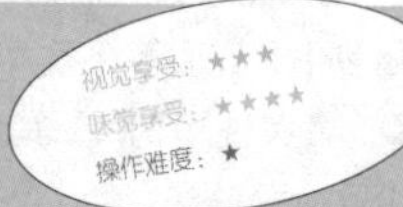

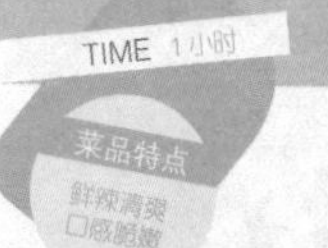

主料： 白萝卜 200 克，黄瓜 150 克

配料： 韩式辣酱 50 克，蒜末、姜丝、葱丝各 20 克，食盐适量

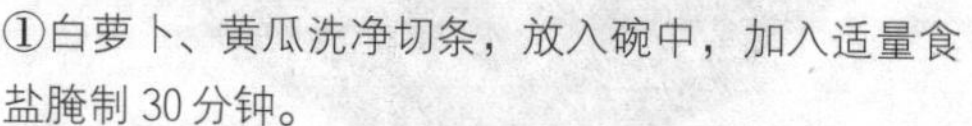

操作步骤

①白萝卜、黄瓜洗净切条，放入碗中，加入适量食盐腌制 30 分钟。

②萝卜与黄瓜沥干腌出的水分，放入除食盐外的所有配料，腌制片刻即可食用。

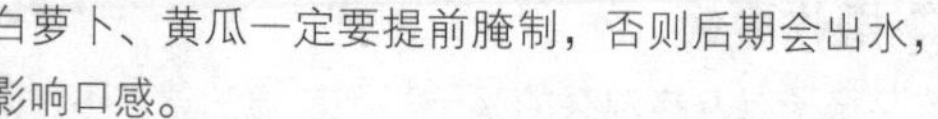

操作要领

白萝卜、黄瓜一定要提前腌制，否则后期会出水，影响口感。

营养贴士

《本草纲目》中将白萝卜称作“蔬中最有利者”，白萝卜不仅是营养丰富的蔬菜，而且能够辅助治疗多种疾病。

视觉享受：★★ 味觉享受：★★★ 操作难度：★★

酱香子姜

TIME 数小时

菜品特点 脆嫩爽口

主料： 子姜500克

配料： 辣椒200克，食盐、鸡精、红糖、白酒、酱油、干辣椒、花椒、植物油各适量，葱花少许

操作步骤

①子姜洗净切块，放食盐腌制2个小时，中间反复用手搓，挤出水分。

②干辣椒洗净，连同腌制好的子姜一起放入盆中，加入酱油、红糖、少许食盐、白酒、鸡精。

③锅中烧植物油，炸出花椒香味倒入盆中拌匀，盖好保鲜膜，放冰箱12小时，吃时取出装盘，撒上葱花即可。

操作要领

白酒和红糖适当多一点，既能提味，又可杀菌。

营养贴士

姜能促进血液循环，振奋胃功能，达到健胃、止痛、发汗、解热的作用。

视觉享受：★★★ 味觉享受：★★★ 操作难度：★★

腌莴笋干

TIME 1小时

菜品特点 味酸可口 清凉去火

主料： 莴笋干200克

配料： 红椒30克，蒜末15克，白醋10克，食盐、花椒油各适量

操作步骤

①莴笋干提前用清水浸泡约20分钟，将泡至发软的莴笋干挤去水分；红椒洗净，切粒。

②锅内加水烧开，将莴笋干汆约5秒快速捞出，投凉控水。

③莴笋干放入碗内，加食盐、白醋、红椒粒、花椒油、蒜末翻拌均匀，腌制30分钟入味即可食用。

操作要领

加入蒜末既可以提味，又可以起到一定的防腐杀菌作用。

营养贴士

莴苣钾含量大大高于钠含量，有利于体内的水电解质平衡。

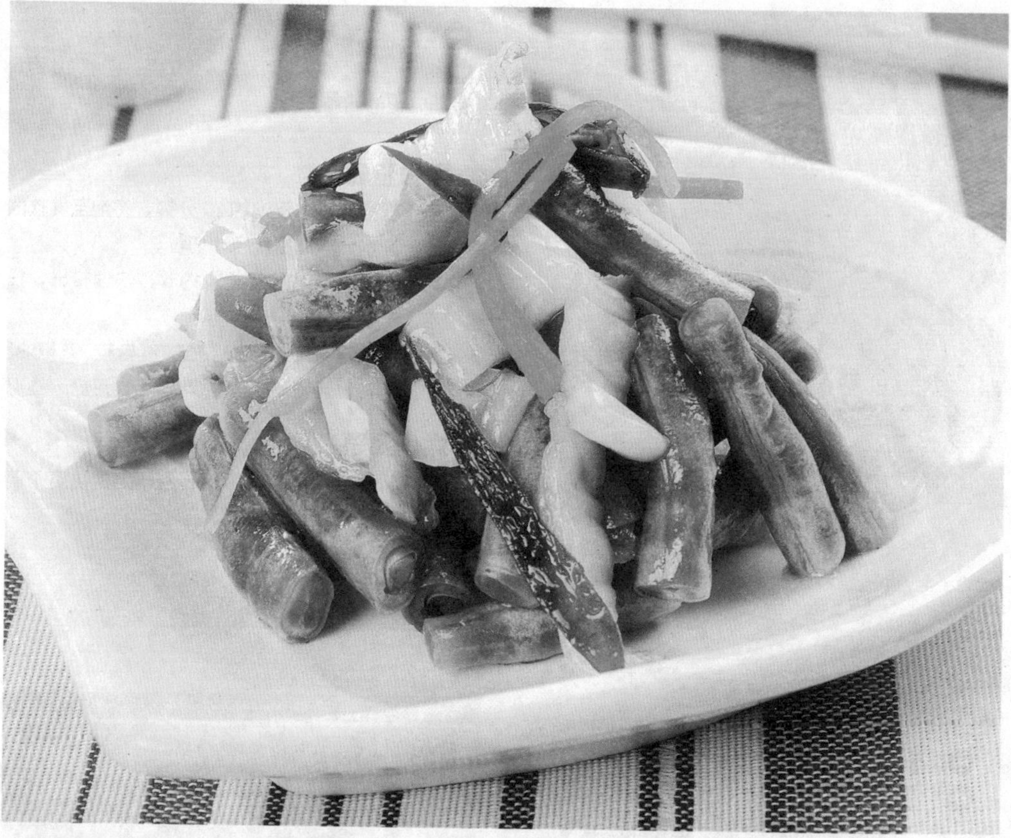

豆角泡菜

TIME 数天

菜品特点

酸爽美味 口感脆嫩

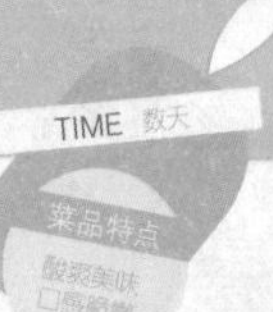

视觉享受：★★

味觉享受：★★★

操作难度：★★

主料： 豆角、白菜各 300 克

配料： 粗盐适量，花椒 50 克， 胡萝卜丝 30 克， 白醋、香油、姜末、蒜末、高度白酒、干辣椒丝、植物油各适量

操作步骤

①锅里放水加花椒和食盐煮开，晾凉；豆角、白菜洗净切段，沥干水分。

②泡菜坛洗净晾干，放入花椒盐水、豆角、白菜，加少许高度白酒，密封坛口，放置阴凉通风处 5 天即可。

③取出适量豆角、白菜放入碗中，加胡萝卜丝、白醋、香油、姜末、蒜末。

④锅中放少许植物油，加入干辣椒丝爆出香味，浇在豆角上即可。

操作要领

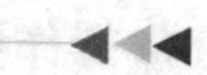

腌制时，花椒盐水在坛内的高度大约是坛子的 3/4，并以没过豆角为宜。

营养贴士

夏天多吃一些豆角具有消暑的作用。

视觉享受：★★★ 味觉享受：★★★ 操作难度：★★

萝卜干腌毛豆

TIME 50分钟

菜品特点：咸香浓厚 味辣爽口

主料： 毛豆粒、萝卜干各100克

配料： 韩式辣椒酱30克，白糖10克，鲜贝露5克，香油、蒜末各适量，食盐少许

操作步骤

①毛豆粒放入加有食盐的沸水中煮15分钟至熟，捞出过凉水，沥干水分；萝卜干切成小块。

②所有主料放入一个大碗中，加入剩余配料拌均匀。

③将拌好的萝卜干放入冰箱中冷藏6小时，即可食用。

操作要领

萝卜干已有盐分，所以配料可多加点，拌出的萝卜干才会有味。

营养贴士

夏季闷热，适量进食毛豆，有助于消除疲乏。

主料： 卷心菜300克

配料： 红椒片30克，辣椒油、白醋、蒜汁各15克，鸡精3克，食盐适量

操作步骤

①卷心菜洗净，切成片，放入大碗中加适量食盐拌匀，腌制30分钟，待出水后，沥去盐水，用凉水冲洗，再次沥干。

②卷心菜与红椒片放入无水无油的容器中，撒一汤匙细盐，盖上保鲜膜，放入冰箱冷藏12小时。

③取出卷心菜，淋入以辣椒油、白醋、鸡精、蒜汁调成的味汁，拌匀即可。

操作要领

卷心菜在冷餐时，一定要放入无水无油的容器中，否则容易变质。

营养贴士

卷心菜富含维生素C、维生素B_6、叶酸和钾。

视觉享受：★★★ 味觉享受：★★★ 操作难度：★

爽口泡菜

TIME 数小时

菜品特点：酸辣清爽 消暑解腻

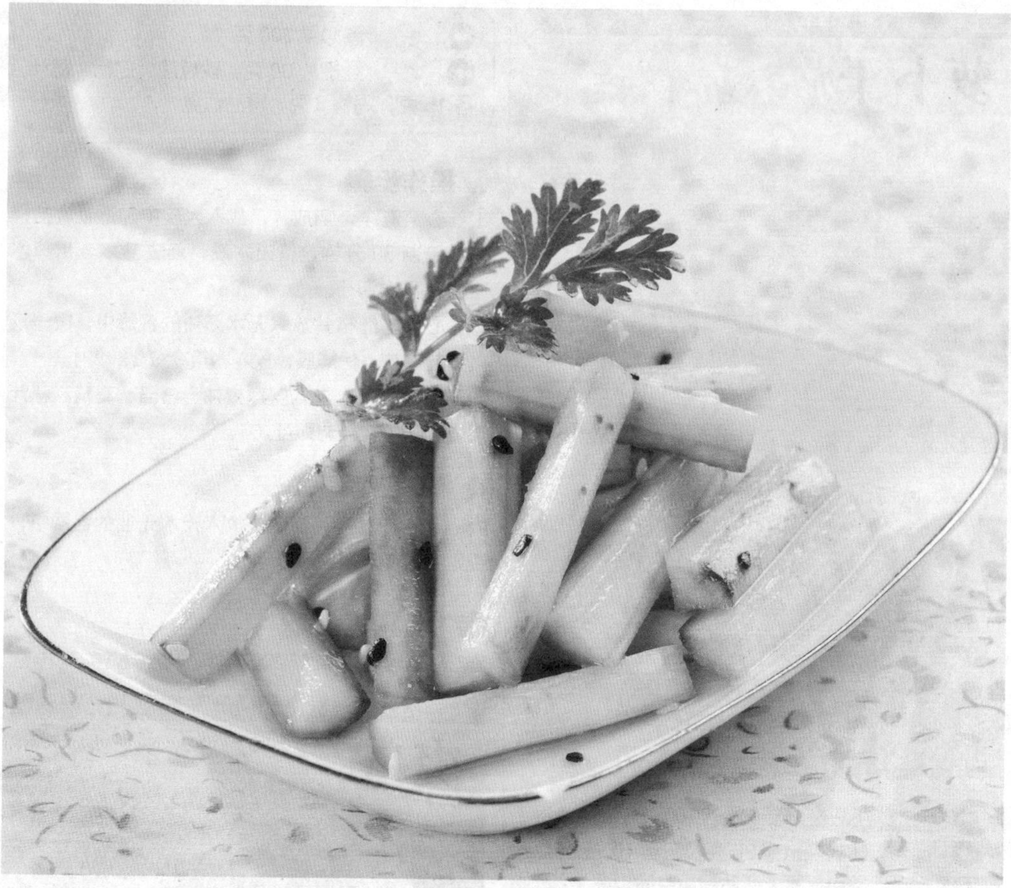

脆腌芝麻牛蒡

TIME 数小时

菜品特点

晶莹剔透
口感清脆

视觉享受：★★★
味觉享受：★★★
操作难度：★★

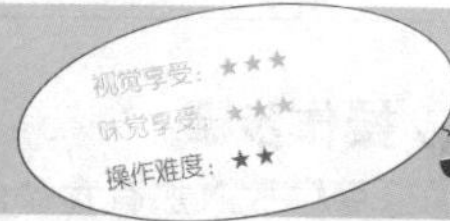

主料： 牛蒡 300 克

配料： 白醋 30 克，白糖 25 克，食盐适量，黑芝麻少许

操作步骤

①牛蒡去皮洗净，切成约 5 厘米长的条。

②锅中烧开水，加白醋、食盐，放入牛蒡煮 5 分钟，捞出投凉，沥干水分。

③牛蒡放入碗中，加入白醋、白糖腌制 5 小时，食用时撒上黑芝麻即可。

操作要领

煮牛蒡时加入白醋、食盐，可以防止牛蒡在空气中发生氧化反应。

营养贴士

牛蒡的纤维可以帮助排毒，有预防中风和防治胃癌、子宫癌的功效。

视觉享受：★★★ 味觉享受：★★★ 操作难度：★★

泡西芹

TIME 数小时

菜品特点 鲜脆可口

主料： 西芹 500 克

配料： 食盐水 1000 克，酸辣盐水 300 克，野山椒水 200 克，白酒 20 克，醪糟汁 20 克，香料包 1 个，白醋、辣椒油各适量，红辣椒圈少许

操作步骤

①西芹去叶、去筋，洗净，沥干水分，浸泡在食盐水中 2 小时。

②将西芹、香料包装入坛内，倒入酸辣盐水、野山椒水、白酒、醪糟汁，密封泡 4 小时即成。

③腌好的西芹放入碗内，调入白醋、辣椒油，点缀红辣椒圈即可食用。

操作要领

西芹要注意选择鲜嫩不空心的，否则影响口感。

营养贴士

西芹含有芹菜油，具有降血压、镇静、健胃、利尿等功效，是一种保健蔬菜。

主料： 新鲜雪里蕻 500 克

配料： 粗盐 200 克，红辣椒适量

操作步骤

①雪里蕻择去老叶，去除根部，洗净，沥干水分。

②取一个泡菜坛，洗净，抹干水，先取一部分雪里蕻平铺在泡菜坛内，撒一层盐，放入红辣椒，再铺一层雪里蕻，再撒一层盐，重复这一动作，直至雪里蕻铺完。

③坛子封口，腌 15 天左右，食用时用清水反复冲洗几次即可。

操作要领

腌制时间越长，雪里蕻颜色越深。

营养贴士

腌雪里蕻香气和鲜味浓郁，咸度适中，质地脆嫩，可以炒、拌、做汤，是佐饭佳菜，一般人群均可食用。

视觉享受：★★ 味觉享受：★★★ 操作难度：★★

腌雪里蕻

TIME 数天

菜品特点 咸鲜味美

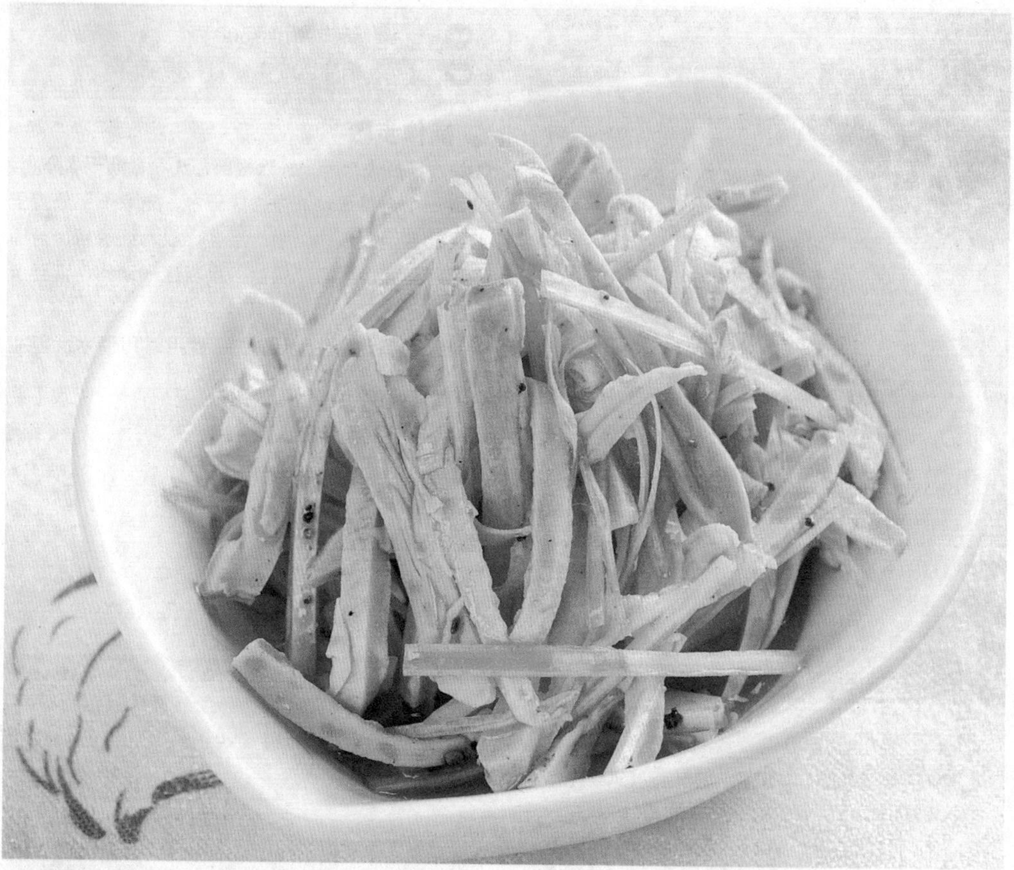

辣腌干笋丝

TIME 20分钟

视觉享受：★★★
味觉享受：★★★★
操作难度：★★★

菜品特点
口味酸甜
脆爽可口

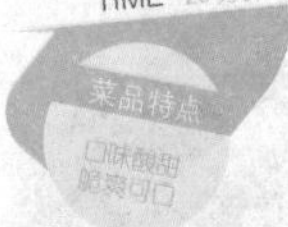

主料： 绿竹笋300克

配料： 蒜泥适量，白糖15克，食盐5克，白醋30克，鸡精3克，花椒粉、葱丝、辣椒油各适量

操作步骤

①绿竹笋煮熟去壳，切成长约5厘米的长条。

②竹笋放入碗中，加少许食盐腌渍出水后沥干水分。

③所有调味料调匀与竹笋充分混合拌匀，放入冰箱冷藏约4小时即可。

操作要领

竹笋一定要用食盐腌出水分，否则后期出水太多影响口感。

营养贴士

营养学家认为，竹林丛生之地的人们多长寿，且极少患高血压，这与经常吃竹笋有一定关系。

视觉享受：★★★ 味觉享受：★★★ 操作难度：★★

爽口拌泡菜

TIME 20分钟

主料： 包心菜200克，胡萝卜100克，芹菜50克

配料： 青、红椒片各30克，蒜片、姜片、干辣椒段各适量，白醋10克，食盐5克，鸡精3克，花椒少许，植物油20克，香油适量

操作步骤

①包心菜、胡萝卜、芹菜洗净，包心菜撕成片，胡萝卜切片，芹菜切段。

②所有主料放入一个干净的密封容器中，加入适量食盐、蒜片、姜片，盖上盖子，密封腌制12小时。

③取出主料放入碗内，淋入以花椒、干辣椒段炸制的辣椒油，加入青椒片、红椒片、白醋、鸡精、香油，拌匀即可。

操作要领

挑选腌菜要新鲜，密封容器要洗净，用盐要充分。

营养贴士

大量吃腌菜，容易引起人体维生素C缺乏，所以应适当控制食用量。

主料： 萝卜苗300克

配料： 豆豉酱、剁椒各20克，白醋15克，食盐5克，鸡精3克，香油少许

操作步骤

①萝卜苗洗净，放入沸水锅中快速氽烫，捞出过凉水，沥干水分，切成碎末。

②萝卜苗放入碗中，加入剁细的剁椒、豆豉酱、食盐、鸡精拌匀，放入冰箱冷藏3小时。

③食用时取出，调入白醋、香油拌匀即可。

操作要领

萝卜苗一定要先焯水再切，否则营养成分会流失。

营养贴士

萝卜苗所含热量较少，纤维素较多，吃后易产生饱胀感，这些都有助于减肥。

视觉享受：★★★ 味觉享受：★★★ 操作难度：★

爽口萝卜苗

TIME 数小时

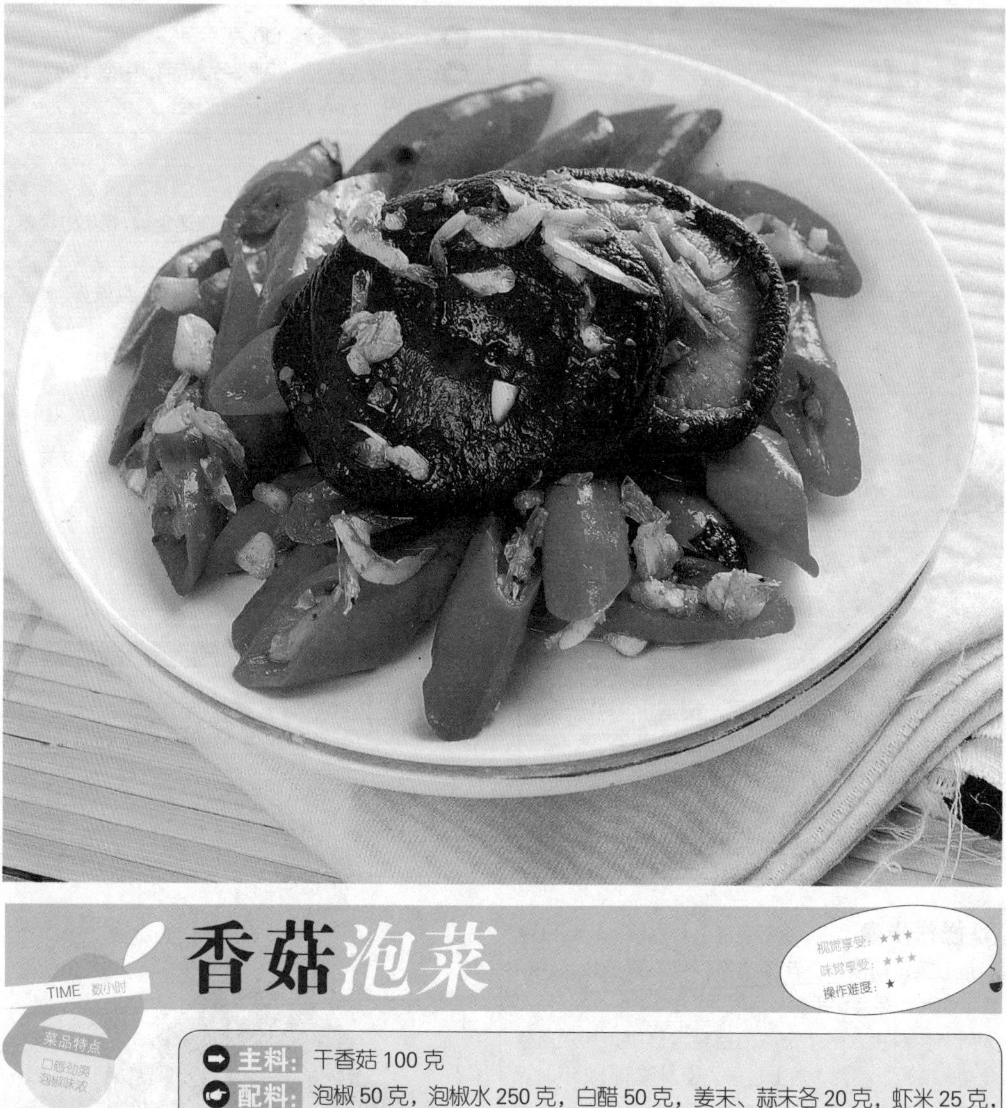

香菇泡菜

TIME 数小时

菜品特点
口感劲爽
泡椒味浓

视觉享受：★★★
味觉享受：★★★
操作难度：★

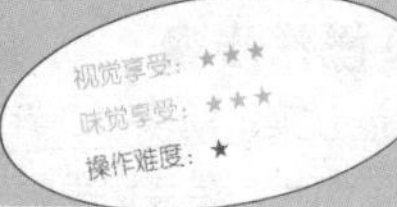

主料：干香菇 100 克

配料：泡椒 50 克，泡椒水 250 克，白醋 50 克，姜末、蒜末各 20 克，虾米 25 克，花椒油少许，食盐、辣椒面各适量

操作步骤

①干香菇提前泡发，洗净，焯熟，沥干水分。

②将泡椒、泡椒水放入容器中，加入适量食盐、香菇后密封，放入冰箱中冷藏 24 小时。

③虾米用温开水冲洗干净，沥干水分。

④取出泡椒切段，连同香菇、虾米一起放入碗中，加入白醋、姜末、蒜末、花椒油、辣椒面，拌匀即可。

操作要领

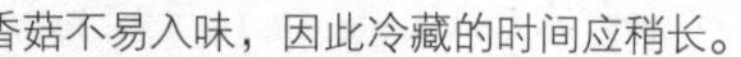

香菇不易入味，因此冷藏的时间应稍长。

营养贴士

泡椒鲜嫩清脆，可以增进食欲，帮助消化与吸收。